Series of Indoor Design and Building Decoration

室内设计与建筑装饰丛书

丛书系列 02

PROJECT BUDGET AND BIDDING
OF BUILDING DECORATION

建筑装饰工程概预算与招投标

第二版

郭东兴 林崇刚 编

华南理工大学出版社
·广州·

内 容 简 介

本书依据我国传统的工程定额预算规范，结合现代工程招投标中普遍采用的"工程量清单计价"，系统地介绍了现代建筑装饰工程预算报价的几种模式。书中内容可归纳为四方面：①工程定额和工程量清单的理论基础（第一、二章）；②工程量和工程材料用量的计算（第三、四章）；③装饰工程预算造价常见的编制模式实例（第五章）；④工程招投标和施工合同的确定（第六、七章）。

图书在版编目（CIP）数据

建筑装饰工程概预算与招投标/郭东兴，林崇刚编．—2 版．—广州：华南理工大学出版社，2010.6（2024.8 重印）

（室内设计与建筑装饰丛书）

ISBN 978-7-5623-3247-3

Ⅰ.①建…　Ⅱ.①郭…　②林…　Ⅲ.①建筑装饰－建筑概算定额②建筑装饰－建筑预算定额③建筑装饰－建筑工程－招标④建筑装饰－建筑工程－投标

Ⅳ.①TU723.3

中国版本图书馆 CIP 数据核字（2010）第 035824 号

总 发 行：华南理工大学出版社（广州五山华南理工大学 17 号楼，邮编510640）
营销部电话：020－87113487　87111048（传真）
E-mail：scutc13@scut.edu.cn　http://www.scutpress.com.cn
策划编辑：王魁葵　赖淑华
责任编辑：王魁葵
技术编辑：杨小丽
印 刷 者：广州小明数码印刷有限公司
开　本：889mm×1194mm　1/16　**印张**：11.75　**字数**：293 千
版　次：2010 年 6 月第 2 版　2024 年 8 月第 10 次印刷
印　数：16 001～16 300 册
定　价：21.00 元

室 内 设 计 与 建 筑 装 饰 丛 书   新领域®

编 辑 委 员 会

序

　　随着建筑技术、材料的发展和国民生活水平的提高，人们对建筑室内外环境质量的要求也越来越高，市场急需大批优秀的室内设计人才。深圳市新领域职业培训中心长期致力于室内设计与建筑装饰培训工作，并以先进的培训理念和显著的培训效果闻名于中国室内设计界，被誉为室内设计界的"黄埔军校"。

　　为帮助广大从业人员和在校学生提高室内设计的理论水平和设计实战能力，同时也为促进室内设计及相关专业的教材建设，深圳市新领域职业培训中心特组织广东省室内设计界的著名专家、教授编写了这套丛书。本丛书以专业性、严谨性为基础，突出实用性和系统性，论述详简适宜，既可作为高等院校室内设计与建筑装饰专业的教材，亦可作为相关专业的高级培训教材。

　　这套丛书包括《室内设计制图》、《室内设计制图习题集》、《手绘表现技法》、《Auto CAD室内设计工程制图》、《室内外高级电脑效果制作》、《速写》、《素描》、《装饰材料与施工工艺》、《建筑装饰工程概预算与招投标》等。

室内设计与建筑装饰丛书编委会主任
深圳市室内设计国家职业技能鉴定所所长
深圳市室内设计师协会副会长兼秘书长

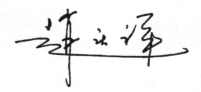

深圳市新领域职业培训中心网址：www. xlypx. com

前言

建筑装饰工程的造价在建筑整体建设成本中所占比例与日俱增，这与我们不断提高的生活水平是一致的。从 20 世纪 90 年代初期 200～300 元/m² 建筑面积的装饰造价，到今天高达 1000～2000 元/m² 的造价，从占建筑总造价 20%～30% 的比例，到今天占 40%～50% 的造价比例，足以证明建筑装饰在整个建设工程中所占的份量。因此，无论是施工单位或是从事室内设计专业的人员，准确分析、编制装饰工程的造价，是装饰行业不可缺少的一部分。

本书根据高等职业院校建筑装饰造价专业的教学特点和要求编写，并考虑业余培训、电大、夜大教学以及近年工程造价编制改革的实际情况，力求理论内容更简明，实际操作性更强。书中主要介绍了造价编制的两种国家规范：定额和工程量清单编制的理论基础和编制实例。另外，以此二种国家规范为基础发展而成的家居装饰造价编制也作了详细说明，补充了较为普遍的，实用的，但常常被忽略的内容。

本书由郭东兴主编，林崇刚编写了第四章，张嘉琳主审。

由于水平有限，书中错漏之处难免，恳请广大专家、读者提供宝贵意见。

作　者
2010 年 2 月

目录

目录

第一章 建筑装饰工程及定额概述

第一节 建筑装饰工程概述

一、建设工程项目的划分

建筑装饰与建筑安装工程一样，它们的预算造价编制计算是一项较为复杂的工作，因此必须从建筑装饰及安装工程的基本构成开始。把建筑装饰及安装工程分解为简单的、易于计算的若干部分，然后根据国家或地区颁布的建筑装饰及安装工程定额或其他有关价格资料计算工程造价。建设工程的组成，根据其包含范围的大小可划分为建设项目、单项工程、单位工程、分部工程、分项工程五大部分。

（一）建设项目

建设项目一般是指按一个总体设计进行施工的、由一个或几个单项工程组成的基本建设工程，如某住宅小区工程、一所学校等。

（二）单项工程

单项工程是建设项目的组成部分，一般指在一个建设项目中具有独立的设计文件，建成后可以独立发挥设计规定的效益的工程。如某住宅小区中 A 栋、B 栋、独立会所等；一所学校中的教学楼、实验楼、图书馆等。

（三）单位工程

单位工程是指在单项工程中，具有独立的设计文件、能进行独立施工，但竣工后不能独立发挥生产能力的工程，如教学楼的土建工程、安装工程、装饰工程等。

（四）分部工程

分部工程是单位工程的组成部分，一般是按单位工程的施工部位、构件性质、使用的材料、工种或设备种类和型号等的不同而划分的工程。如建筑装饰工程可划分为：墙面工程、柱面工程、楼地面工程、顶棚工程、门窗工程等分部工程。

（五）分项工程

分项工程一般是按照所选用的施工方法、所使用的材料以及结构构件、配件规格不同划分，用较为简单的施工过程就能完成，以适当的计量单位就可以计算工程量及其单价的建筑或设备安装工程。如在地面装饰工程中根据地面构造、施工方法、材料及其规格等的不同可分为：石材地面、陶瓷砖地面、木地板、塑料地板等分项工程。

以上建设工程项目的分类可以用图 1-1 表示。

由以上的工程项目组成可知，一个建设项目是由多个单项工程组成的，一个单项工程是由多个单位工程组成的，一个单位工程又可划分为若干个分部工程，一个分部工程

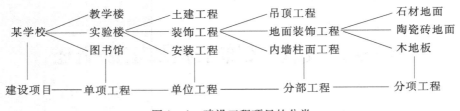

图 1-1　建设工程项目的分类

又可划分为若干个分项工程。在编制工程预算造价时，从分项工程开始计算，把工程所有分项工程的造价分类汇总成各分部工程造价，各分部工程造价汇总成各单位工程造价，各单位工程造价汇总成各单项工程造价，最后把各单项工程造价汇总成一个建设项目总造价。

二、建筑装饰工程的特点

建筑装饰是对现有的建筑主体作基本使用功能的完善并作进一步的修饰。根据装饰建筑部位的不同，可分为室外装饰和室内装饰；根据所用材料、施工要求及产生的效果不同，可分为前期装饰和后期装饰。

前期装饰又称一般建筑装饰，是对建筑主体作基本使用功能的完善，它指按照建筑设计施工图，对建筑物内外进行装饰的各分部工程。在建筑装饰工程中，如楼地面工程中的整体面层、块料面层等；墙面工程中的抹灰工程、水刷石工程、陶瓷锦砖粘贴等。

后期装饰又称精装饰、二次装饰、高级装饰等，它指的是按照装饰设计施工图对新建房屋进行进一步装饰或旧建筑重新装修装饰。和一般建筑装饰相比，高级装饰所使用的材料种类更多、工艺要求更高。高级装饰通常针对室内部分，如商业室内布设、家居装饰等。

传统的建筑装饰工程作为建筑工程的从属工程有各种材料、工艺标准等要求。随着社会的进步，人们对居住环境的要求提高，现代装饰工程在设计、施工、使用材料、施工时间及费用等方面，和传统的装饰有着显著的不同，主要有如下几方面：

（1）在设计方面，建筑装饰设计是建筑设计的深化和继续、丰富和发展。传统的装饰设计因各种条件的限制，主要以使用功能作为出发点。现代装饰设计，它除了要满足建筑使用功能的要求外，更要突出艺术效果和精神价值。一个建筑装饰成功与否，首先取决于设计的水平和质量。

（2）在施工方面：

①流动性大。建筑装饰工程施工受建筑物不同的装饰部位、施工场地等的限制，施工人员和机具设备经常流动转移，施工人员和机械的组织和安排都因此受到各种制约。因而，施工企业的组织形式、施工过程的经济合理性均需适应这一客观要求。

②工种多。建筑装饰工程施工的工序多，工种复杂，水电工、焊工、钳工、暖通工、瓦工、木工、油漆工等多工种及数十道工序轮流作业，必须有条不紊，衔接紧密。因此，建筑装饰工程的施工技术和组织管理人员要有专门知识和经验，才能做好施工设

计、调配和管理工作。

③消防隐患多。建筑装饰工程电气线路布装复杂，而且很多装饰材料属易燃物品，装饰施工过程中和完工后火灾隐患均较多。因此，装饰设计中材料的运用、施工中安全用电和消防措施的完善，都特别重要。

④工期短。建筑装饰工程因其材料、工艺方面的特点，施工工期比相同造价的土建工程工期短。在短时间内要完成一个装饰项目，无论是在施工组织管理、质量管理，还是资金投入等方面，对施工企业都有特别的要求。

（3）在材料使用方面，装饰材料品种多，同种材料因产地、质地不同而在价格上有较大的差异。现代建筑装饰所使用的装饰材料已远远超出传统建筑材料，除传统建筑装饰材料外，它还包括纺织、电子、家具、工艺美术品及贵重金属材料等。如一座高级宾馆所需的装饰材料多达千种，常有多种材料要从国外进口，材料价格往往也较贵。另外，随着材料生产技术的不断提高，以及人们对材料要求的提高，装饰市场的各种新型材料、多功能材料、环保材料也日新月异。以上特点决定同等档次的装饰工程造价会有较大的浮动。

（4）在装饰工程费用方面，建筑装饰工程工艺性强，使用材料档次高，建筑装饰工程费用占工程总造价的比例高。随着人们经济收入的提高，装饰费用的比例亦在逐年攀升。如档次较高的高级饭店、宾馆、涉外工程等装饰工程费用可占到建筑总造价的50%以上。在我国个别经济发达地区，家居装饰工程造价也达到了购房费用的50%以上。

第二节 工程定额

一、工程定额的概念和特点

定额就是规定的额度，广义地理解，是处理特定事物的数量界限。在不同的领域有不同的定额，如在生产领域有工时定额、原材料消耗定额等；在工程建设领域有劳动消耗定额、材料消耗定额、机械消耗定额等，它是工程计价的重要依据。

（一）工程定额的定义

工程定额是指在建设工程施工中，在正常的施工条件，即先进合理的施工工艺和施工组织的条件下，采用科学的方法制定每完成一定计量单位的质量合格产品（工程）所必须消耗的人工、材料、机械设备及其价值的数量标准。

（二）工程定额的特点

1. 定额的科学性

工程定额是以经济管理理论为指导，应用科学的方法，在长期观察、测定、收集、积累的大量生产实践经验、数据资料的基础上，对诸多影响因素进行分析、综合研究而制定的，它反映了工程建设中生产消费的客观规律，因此，具有科学性、实践性。

2. 定额的系统性

工程定额具有相对独立的系统性，它是多种定额结合而成的有机整体。它的结构复杂，但有鲜明的层次和明确的目标。工程建设包括煤炭、石油、电力、邮电、交通、市政、住宅工程等，不同的建设领域有与它相适应的不同定额。同时，每个建设工程都有严格的项目划分，在规划及实施过程中有严密的逻辑阶段。如工程建设划分为建设项目、单项工程、单位工程、分部工程和分项工程；每个工程建设要由规划、研究、设计、施工到交付使用。与它相适应必然形成定额的多种类和多层次性。

3．定额的统一性

国家对发展经济的有计划的宏观调控，需要借助某些标准、定额、参数等，而这些标准、定额、参数在一定的范围内是一种统一的尺度。因此，工程定额具有统一性。如现行有全国统一定额、省（市）统一定额、行业统一定额等。

4．定额的权威性

工程定额具有很大的权威性，这种权威性在一些情况下具有经济法规性质。在建设市场不规范的情况下，工程定额的权威性显得十分重要，因为在规定的范围内，工程定额能有效地平衡投资方和建设方的利益。但是，定额的权威性不是绝对的，随着投资主体的多元化，大量民营企业资金进入投资市场，它们根据市场的变化决定自己的经营行为。在这种情况下，定额的权威性就被弱化了。

5．定额的时效性

工程定额是在某一时期生产技术和管理水平的反映，因而定额在一段时间内是稳定的。稳定的时间一般为 5 ～ 10 年。随着科学技术的发展和生产力的提高，材料、人工、机械等的消耗在不同时期有所不同，因而定额需要不断修订和完善，因此，定额具有时效性。

二、定额的作用和分类

（一）定额的作用

工程定额反映工程建设中在人力、物力、财力消耗方面应遵守或达到的数量标准。工程定额作为科学管理的基础，它不是我国计划经济年代的产物，更不是与市场经济相悖的改革对象，它是一种计价依据，也是投资决策和价格决策的依据。这对规范我国的固定投资市场和建筑市场，保证工程质量，防止恶性竞争都非常重要。在现代市场经济条件下，特别是我国实行了工程量清单计价办法后，传统的定额计价办法会被人们忽视。

工程建设是一项庞大而复杂的系统性生产，整个过程需要投入大量的人力、物力和财力，而且要在规定的时间内、规定的质量要求下来完成整项工程。所以，客观上无论是在宏观或是微观上都要求对工程建设的各项资源（人力、物力）及资金进行科学的预测、计划、调控和管理。一方面，国家主管部门或其他投资者可以借助工程定额对工程建设的资金和各项资源进行合理的调配和有效的利用；另一方面，施工单位可以通过工程定额对工程所需的人力、材料、机械及所需的资金进行计划和组织，以保证工程的质量、进度等的需要。因此，工程定额是工程建设科学管理的基础。

工程定额作为国家或地方建设主管部门颁布实施的造价标准，它的主要资源消耗指标是通过大量的实际测定，并对数据进行科学的统计和分析得到的，在这一方面带有一定的"平均主义"，是公共的数据。但在另一方面，我国各地区的生产条件存在一定的差异，特别是各企业的经营特点各不相同，企业本身的技术和管理水平有高有低，实际的资源消耗也就有多有少。因此，企业在编制工程预算时，既要参考公共数据（定额），也应结合企业本身的实际。目前，我国处于由计划经济转变为市场经济的时期，工程报价仍处于政府指导价格和市场形成价格相结合的状态。随着市场经济的成熟，工程报价的方式将更加灵活。现在工程招投标的实施及工程量清单计价方式的改革，就是很好的例子。

工程定额在我国市场经济条件下的作用主要有如下几方面：

（1）工程定额是节约社会劳动力和提高劳动生产率的重要手段。

（2）工程定额是国家宏观调控的依据和组织社会化大生产的工具。

（3）工程定额有利于规范建筑市场，防止建筑市场的恶性竞争。

（4）工程定额有利于完善建筑市场造价信息系统。

（二）定额的分类

工程建设定额是一个综合概念，是工程建设中各类定额的总称。在日常工作常见的定额中，有许多内容和形式都很相似。按照不同的分类原则和方法，工程定额依不同分类标准有多种分类。表1－1是常见的分类。

表1－1　工程建设定额的分类

分类标准	定额名称举例
按物质消耗内容分	劳动消耗定额（又称人工定额，分时间定额和产量定额）
	材料消耗定额
	机械消耗定额（分机械时间定额和机械产量定额）
按用途分	施工定额（由劳动消耗定额、材料消耗定额、机械消耗定额组成）
	预算定额（如建筑工程预算定额、建筑装饰装修工程预算定额、安装工程预算定额、市政工程预算定额等）
	概算定额
	概算指标
	工期定额
按费用性质分	建筑工程定额
	安装工程定额
	设备购置费用定额
	其他费用定额

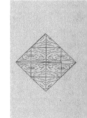

分类标准	定额名称举例	
按适用范围分	全国统一定额	全国统一建筑工程定额
		全国统一安装工程定额
		全国统一市政工程定额
		全国统一修缮工程定额
	部门统一定额（如建筑工程定额、通信工程定额等）	
	地区统一定额（如各省、市各类统一定额）	
	企业定额	

在各种工程定额中，以预算定额最为企业所常用，其中包括全国统一的和各省市统一的建筑工程预算定额、建筑装饰装修工程预算定额、安装工程预算定额、市政工程预算定额、园林绿化工程预算定额。

三、施工定额

施工定额是以施工过程为编制对象，即施工过程人工、材料、机械消耗量的定额，它是编制预算定额的基础，包括劳动消耗定额（或称劳动定额或人工定额）、材料消耗定额和机械台班定额。

1. 劳动定额

劳动定额是指在正常的施工条件下，每完成一定计量单位的质量合格产品（工程）或完成一定量的工作所必须消耗的劳动消耗量的数量标准。其表现形式有时间定额和产量定额两种。

时间定额是指在正常的施工条件下，工人每完成单位质量合格产品所必须消耗的工作时间。时间定额以"工日"为单位，现行制度以 8 h 为一个工日。时间定额包括工人的有效工作时间（准备和结束时间、基本工作和辅助工作时间）、必需的休息时间和不可避免的中断时间。如《广东省装饰装修工程综合定额（2003）》，在楼地面分项工程的塑料板、橡胶板（B.1.3.10）定额项目表中，子项目为塑料板（平口）在楼地面施工，工程内容包括清理基层、刮腻子、涂刷粘结剂、贴面层、净面，完成 100 m² 单位面积的工日数为 20.09 日，即每完成 1 m² 面积的塑料板（平口）在楼地面施工，需要 0.2009 工日。

产量定额是指在正常的施工条件下，工人在单位时间内完成质量合格产品的数量。计算单位为：产品的计算单位／工日。即

$$产量定额 = 1 \div 相应产品的时间定额$$

如上例塑料板（平口）在楼地面施工中，每工日的产量定额为

$$1 \div 0.2009 = 4.9776 \ m^2$$

2.材料消耗定额

材料消耗定额是指在正常的施工条件和节约、合理使用材料的条件下，每完成单位质量合格产品所必须消耗的一定品种规格的材料、成品、半成品的数量标准。其计量单位为材料的计量单位。

材料消耗量包括净用量和合理损耗量。净用量是指工程实体的材料用量；合理损耗量是指不可避免的损耗，如材料在施工中的场内运输和堆放、施工操作等的合理损耗。损耗量一般用材料的损耗率表示，材料的损耗率由国家有关部门根据观察、试验和统计资料确定。材料消耗量可以表示为

$$材料消耗量 = 材料净用量 + 材料损耗量$$

或

$$材料消耗量 = 材料净用量 \times （1 + 材料损耗率）$$

如上例塑料板（平口）在楼地面施工子项目中，主要材料塑料板（平口）的消耗量为 102 m²，即每完成 100 m² 面积的塑料板（平口）在楼地面施工，需要 102 m² 塑料板（平口），由此可知材料的损耗率为 2% 。

3.机械台班定额

机械台班定额是指在正常的施工条件下，使用施工机械每完成单位质量合格产品所必须消耗的工作时间（台班）的数量标准。其计量单位为"台班"，一台机械工作一天（按 8 h 计算）即为一个台班。机械台班定额和劳动定额相似，分为机械时间定额（台班）和机械产量定额（台班产量），两者互为倒数。

第三节 建筑装饰预算定额

预算定额是针对工程在完成施工图设计而编制的一种定额。装饰工程预算定额分别以工程中各分部分项工程为单位进行编制。定额中包括完成各分项工程所需的人工工日数、各种材料和机械的消耗量。预算定额的具体价格表现形式是单位估价表，它综合了人工费、各种材料费和机械使用费，是计算工程直接费用的基础。

根据国家最新标准《GB 50500—2003 建设工程工程量清单计价规范》、建设部"关于发布《全国统一建筑装饰装修工程消耗量定额》的通知"（建标〔2001〕271 号）文件的要求，各省市相继编制了最新的装饰装修工程计价办法和定额。和传统的预算定额相比，新的计价办法和定额在工程招标和投标的计价上更科学。其中，广东省制定了《广东省装饰装修工程计价办法》和《广东省装饰装修工程综合定额》（2003 年 7 月），是广东省目前执行的最新规范，是装饰装修工程编制标底、设计概算、施工图预算、竣工结算和确定工程造价合理性的依据。下面以《广东省装饰装修工程综合定额》（简称《综合定额》）为例，介绍执行国家最新标准《GB 50500—2003 建设工程工程量清单计价规范》下预算定额的特点。

一、综合定额的组成

综合定额主要由以下三部分内容构成。

1．综合定额总说明

综合定额总说明主要阐述如下几方面的内容：①有关综合定额执行的规范、综合定额的作用；②综合定额适用的范围；③本定额的组成部分的系统介绍；④综合定额人工消耗量、材料消耗量、机械台班消耗量的确定，管理费的确定；⑤综合定额中工资单价的分类和附录的使用范围。

2．综合定额各组成部分

综合定额分为分部分项工程项目、措施项目、其他项目、规费、税金和附录六部分，每部分由若干章、节组成。其中，分部分项工程项目部分分为楼地面工程（B.1）、墙柱面工程（B.2）、天棚工程（B.3）、门窗工程（B.4）、幕墙工程（B.5）、细部装饰及栏杆工程（B.6）、家具工程（B.7）、油漆涂料裱糊工程（B.8）、金属支架及广告牌工程（B.9）、其他工程（B.10）共十章；措施项目部分分为脚手架工程（B.11）、垂直运输工程（B.12）、建筑垃圾外运（B.13）、成品保护工程（B.14）、措施其他项目费（B.15）共五章。

根据国家标准《GB 50500—2003 建设工程工程量清单计价规范》，分部工程的编号B 代表装饰装修工程（A 代表建筑工程，C 代表安装工程，D 代表市政工程，E 代表园林绿化工程）。

各分部工程（章）由说明、工程量计算规则和项目组成，项目由工作内容和定额项目表格组成。在使用综合定额前，首先要对各分部工程（章）的说明、工程量计算规则作全面的了解，这是正确使用综合定额的前提。分部工程（章）的说明、工程量计算规则是定额的重要组成内容，它详细地介绍了该分部工程中各定额项目的基本规定、计算要求及方法等。

3．定额项目表格

分项工程在建筑装饰工程预算定额手册中称为"节"。前面介绍了每个分部工程由若干个分项工程组成，例如广东省现行装饰工程综合定额中的分部工程楼地面工程（B.1），划分为找平层（B.1.1）、整体面层（B.1.2）、块料面层（B.1.3）、其他（B.1.4）四个分项工程。

分项工程（节）以下，又按建筑装饰工程构造、使用材料和施工方法不同等因素，划分成若干项目。如块料面层（B.1.3）又分为 14 个分项目：分别是大理石（B.1.3.1）；花岗岩（B.1.3.2）；预制水磨石块（B.1.3.3）；水泥花阶砖（B.1.3.4）；陶瓷块料（B.1.3.5）；玻璃地砖（B.1.3.6）；缸砖（B.1.3.7）；陶瓷马赛克（B.1.3.8）；拼碎块料、凹凸假麻石块、水泥花砖、广场砖（B.1.3.9）；塑料板、橡胶板（B.1.3.10）；聚氨酯弹性安全地砖、球场面层（B.1.3.11）；地毯（B.1.3.12）；木地板（B.1.3.13）；防静电活动地板（B.1.3.14）。

项目以下，还可以按施工基层面、材料种类、材料规格及施工连接不同，再细分为若干子项目。例如，上例中的塑料板、橡胶板（B.1.3.10）按施工基层面不同分为楼地面和踢脚线两种；楼地面项目中按材料的种类和规格分为塑料板块材、塑料卷材和橡胶板三项；塑料板块材项目中按材料的构造又分为平口板和企口装配板两项。

定额项目表格，就是以分部工程归类，并以不同内容划分的若干分项工程子项目排列的定额项目表。它主要由工作内容（分节说明）、子项目栏和附注等内容组成，见表1-2，是楼地面工程中塑料板、橡胶板（B.1.3.10）的定额项目表。

表1-2 塑料板、橡胶板（B.1.3.10）定额项目表

工程内容：清理基层、刮腻子、涂刷粘结剂、贴面层、净面 单位：100 m²

定额编号			B1—132	B1—133	B1—134	B1—135
子项目名称			楼地面			
			塑料板		塑料卷材	橡胶板
			平口板	企口装配板		
基 价（元）		一类	3 088.51	5 105.16	4 267.88	3 902.74
		二类	3 068.21	5 083.15	4 257.73	3 890.84
		三类	3 059.82	5 074.05	4 253.53	3 885.92
其中	人工费（元）		441.98	441.98	221.10	259.16
	材料费（元）		2 570.24	4 543.06	4 008.62	3 598.85
	机械费（元）		—	37.38	—	—
	管理费	一类	76.29	82.74	38.16	44.73
		二类	55.99	60.73	28.01	32.83
		三类	47.60	51.63	23.81	27.91
编码	名称	单位	单价（元）	消耗量		
000001	一类工	工日	22.00	20.09	20.09	10.05	11.78
070336	塑料地板（平口）	m²	13.01	102.00	—	—	—
070337	塑料地板（企口）	m²	13.01	—	102.00	—	—
070032	橡胶板δ3	m²	20.81	—	—	—	102.00
070033	塑料卷材δ1.5	m²	25.14	—	—	110.00	—
100053	大白粉	kg	0.25	1.43	—	1.43	1.43
050071	石膏粉	kg	0.93	2.05	—	2.05	2.05
140040	木螺丝3.5×（22～25）	百个	1.35	—	34.00	—	—
250043	木砂纸	张	0.14	6.00	—	6.00	6.00
140010	铁件	kg	3.40	—	158.27	—	—
250017	白棉纱	kg	11.22	2.00	1.67	2.00	2.00
030007	杉木枋材	m³	1 720.97	—	1.510	—	—
050108	滑石粉	kg	0.50	13.90	—	13.90	13.85
130012	乳液（聚酯酸乙烯）	kg	7.06	1.70	—	1.70	1.70
130020	光腊	kg	7.82	2.30	1.87	2.30	—
130297	羧甲醛维素	kg	19.67	0.34	—	0.34	0.34
130014	塑料粘结剂	kg	26.09	45.00	—	45.00	54.60
907012	木工圆锯机（直径500mm）	台班	25.43	—	1.47	—	—

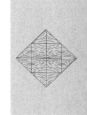

定额项目表的工作内容（分节说明）列于表的左上方，它着重说明定额项目包括的主要工作内容。例如，大理石（B.1.3.1）分项工程项目表左上方列有的工作内容包括：①清理基层、调制砂浆；②刷水泥浆、抹结合层、铺贴、填缝、打蜡、擦光。

定额项目表的右上方，列有定额建筑装饰产品的计量单位。例如，大理石（B.1.3.1）分项工程定额项目表的右上方计量单位为 100 m²。

定额项目表的各栏，是分项工程的子项目排列。在子项目栏内，除了列出完成定额单位产品所需的基价费用及组成外，还列有所必需的工日数、材料（按主要材料成品或半成品、辅助材料和次要材料顺序分列）和机械台班（按机械类别、型号和台班数量分列）的消耗指标。

定额项目表的下方，有时列有附注内容。有些附注内容带有补充定额性质，以便进一步说明各子项目的适用范围或有出入时如何进行换算调整。

4. 定额附录

综合定额除以上三项主要内容外，还有定额附录。建筑装饰工程预算定额手册的附录，各地区编入的内容不尽相同，一般包括：装饰工程材料预算价格参考表、装饰定额配合比表、某些建筑装饰材料用料参考表和工程量计算表以及简图等，可作为定额换算和制定补充定额的基本依据、施工企业编制作业计划和备料的参考资料。

《广东省装饰装修工程综合定额（2003）》第六部分"附录"包括：附录1，建筑物超高人工机械增加；附录2，利润；附录3，机械台班费用定额取定表；附录4，人工、材料、机械台班价格取定表；附录5，材料、半成品、成品损耗率参考表。

二、建筑装饰预算定额基价组成和确定

建筑装饰工程预算定额基价由分项装饰工程人工费、材料费、机械台班费三部分构成。即：

分项装饰工程预算单价（基价）＝人工费＋材料费＋机械台班费

根据工程量清单计价的特点，《广东省装饰装修工程综合定额（2003）》把管理费也计算在基价内，其中管理费按广东省内不同城市分三类（广州、深圳为一类，珠海、汕头、佛山等为二类，除一、二类以外的市、县为三类）。

1. 人工费

人工费是完成合格的单位分项工程或结构构件所需消耗的各工种人工工日数量乘以相应的人工工资标准。即

人工费＝工日数量×日工资

人工工资也称人工单价，内容包括基本工资、工资性补贴、辅助工资、职工福利费、劳动保护费，以及养老、待业、医疗保险费。在市场经济条件下，各省市造价管理部门根据情况判定本地区人工工资标准或幅度范围，在定额编制中一般以日工资为计量单位。如《广东省装饰装修工程综合定额（2003）》把日工资分三类：第一部分，分部分项工程项目（除 B.10 其他工程外），均按一类日工资单价 22.00 元计算；第二部分，措施项目的 B.11 脚手架工程，按二类日工资单价 20.00 元计算；第三部分，B.10 其他工程、B.12 垂直运输工程、B.13 建筑垃圾外运和 B.14 成品保护工程等，均按三类日

工资单价 18.00 元计算。日工资单价在所有的项目表格中都有填写。

2. 材料费

材料费是指施工过程中构成工程实体的原材料、辅助材料、成品、半成品的费用和周转材料使用摊销（或租赁）费用，以各种材料消耗量和相应材料预算价格之乘积表示，即

$$材料费 = 材料消耗量 \times 材料预算价格$$

材料预算价格指材料由提货地运至现场仓库或施工场地后的出库价格。其表达式为

$$材料预算价格 = （材料供应价 + 供销部门手续费 + 包装费 + 运杂费）\times$$
$$（1 + 采购保管费率）$$

预算定额在编制时，根据本地区和编制时各种材料的平均价格水平，已经把定额中出现的所有材料预算价格计算好，填写在各项目表中。预算定额手册在附录部分会把所有材料预算价格集中汇编在一表格，以方便查阅对比。

3. 机械费

机械费是指施工过程中施工机械使用时发生的各种费用和机械应分摊的各种机械费用之和。

施工机械以"台班"为计量单位，每"台班"中所必须耗用的工料和应分摊的各种机械费用之和，称为施工机械"台班"费用定额，又称"台班"预算单价。应分摊的各种机械费用包括折旧费、大修费、经常修理费、安拆辅助设施费、进退场费、燃料电力费、机上操作工人工资、养路费及车船使用税等。以台班单价与台班数量相乘为该项机械台班费（机械费）。即

$$机械台班费 = 机械台班数量 \times 机械台班单价$$

三、预算定额基价的调整

在工程计价过程中，分项（或分部）工程的基价确定非常关键，它影响到其他相关费用计算的准确性。但目前各地区编制预算定额，都是根据本地区和当时的人工工资、材料、机械台班的价格标准确定预算定额的基价。随着时间的推移或施工地点不同或使用材料品种规格的不同，工资、材料、机械台班的价格标准都会发生变化。因此，在计算分项（或分部）工程的基价时要作调整。

1. 人工费的调整

人工费的调整是由于日工资标准的变化而做出的调整，即现行日工资或合同日工资和定额日工资之差与工日数量的乘积，其表达式为

$$人工费调整数 = 定额人工消耗量（工日）\times（现行日工资 - 定额日工资）$$

在工程造价实际计算中，涉及工资单价调整时，一般按原基价人工费计算单项（或分部）工程基本总费用，再根据计算单项（或分部）工程总人工消耗量，运用上述调整公式进行人工费的综合调整。

2. 材料费的调整

材料费的调整方法一般有两种：单项材料调整法和综合材料调整法。工程使用的材料有主要材料和辅助材料之分。在涉及材料价格变化的计算时，通常主要材料采用单项

材料调整法，辅助材料采用综合材料调整法。

（1）单项材料调整法的计算式为

单项材料调整数＝单项材料定额消耗量×（该项材料新预算价格－
该项材料定额预算价格）

（2）综合材料调整法一般采用材料费调整前总基价的价值乘以综合调整系数，其计算式为

综合材料调整数＝材料费×综合调整系数

在工程造价实际计算中，通常都会涉及材料的单价调整。和人工费的计算方法一样，材料费调整时先按原基价材料费计算单项（或分部）工程基本总费用，再根据计算单项（或分部）工程总单项材料消耗量和材料费总价值，运用上述调整公式进行材料费的综合调整。

3．机械费的调整

在定额基价的组成中，机械费分为主要（大型）机械费和其他（普通）机械费，主要（大型）机械费是机械台班单价和台班消耗量之乘积，其他（普通）机械费一般以综合单价出现。机械费的调整有单项机械费调整法和综合系数调整法。主要（大型）机械费一般采用单项机械费调整法调整，其他（普通）机械费一般采用综合系数调整法调整。它们的表达式分别为：

单项机械费调整数＝单项机械台班定额消耗量×（该项机械台班新预算价格－
该项机械台班定额预算价格）

综合机械费调整数＝机械费×综合调整系数

第四节　预算造价的费用构成和计算

工程预算造价中除了包含前面介绍的人工费、材料费、机械费三大基本费用外，还包括施工措施费、施工管理费、企业利润和税金等。根据《建筑安装工程费用项目组成》（建标［2003］206号）的规定，建筑安装工程费由直接费、间接费、利润和税金组成。建筑安装工程费用项目组成见表1-3。

表1-3　建筑安装工程费用项目组成

建筑安装工程费	直接费	工程直接费	人工费
			材料费
			施工机械使用费
		措施费	环境保护费
			文明施工费
			安全施工费
			临时设施费

续表 1－3

建筑安装工程费	直接费	措施费	夜间施工费
			二次搬运费
			大型机械设备进出场及安拆费
			混凝土、钢筋混凝土模板及支架费
			脚手架费
			已完工程及设备保护费
			施工排水、降水费
	间接费	规费	工程排污费
			工程定额测定费
			社会保障费（养老、失业、医疗保险费）
			住房公积金
			危险作业意外伤害保险
		企业管理费	管理人员工资
			办公费
			差旅交通费
			固定资产使用费
			工具用具使用费
			劳动保险费
			工会经费
			职工教育经费
			财产保险费
			财务费
			税金
			其他
	利润		
	税金		

一、直接费的计算

1．直接工程费

直接工程费是根据施工图纸计算分部分项工程的工程数量，再和相应分部分项工程预算单价相乘，包括人工费、材料费、机械使用费，其公式为：

$$直接工程费 = \sum（分项工程数量 \times 相应分项工程预算单价）$$

或

$$直接工程费 = \sum[分项工程数量 \times 相应分项工程（人工费单价 + 材料费单价 + 机械费单价）]$$

直接工程费的计算在工程造价计算中工作量是最多的，也是最关键的，工程造价的其他相关费用的计算都直接或间接以直接工程费为基础，因此，工程造价的准确性取决于直接工程费的计算是否准确。

2．措施费

措施费是指为完成工程项目施工，发生于该工程施工前和施工过程中非工程实体项目的费用。

措施费是根据施工图纸，计算措施项目分项工程的工程数量，再和相应分项工程预算单价相乘，或将已计算的工程直接费乘以措施费综合系数。其公式为：

$$措施费 = \sum（措施项目分项工程数量 \times 相应分项工程预算单价）$$

或

$$措施费 = 工程直接费 \times 措施费综合系数$$

在计算措施费时，一般前者用于直接施工项目措施，如脚手架、垂直运输、建筑垃圾外运、成品保护等；后者用于间接施工项目措施，如临时设施、安全设施、环境保护等。

二、间接费的计算

1．规费

规费是指政府和有关权力部门规定必须缴纳的费用。计算时，按各地区定额部门的规定，以直接费或直接费中的人工费和机械费为计算基数，再按各地区定额部门颁布的规费计算费率来计算。如《广东省装饰装修工程综合定额（2003）》规定，将已计算好的工程直接费、措施费、其他项目费作为计算基数，社会保障费费率为 3.31%，住房公积金费率为 1.28%，工程定额测定费费率为 0.1%，建筑企业管理费费率为 0.2%，工程排污费（如有发生）费率为 0.33%，其他规费按工程所在地规定的标准计算。在工程量清单计价中，规费列在分部分项工程费、措施费、其他项目费之后。

2．企业管理费

企业管理费和规费的计算方式一样，以直接费或直接费中的人工费或直接费中的人工费和机械费为计算基数，再按各地区定额部门颁布的计算费率来计算。在工程量清单计价中，企业管理费应考虑在分部分项工程综合报价中。如《广东省装饰装修工程综合定额（2003）》结合工程量计价的特点，把管理费按不同城市分三类纳入分项工程的综合基价中。

三、利润

利润反映了工程承包企业应收取的合理酬金。计算时是以某数值为基数，乘以利润率计得。基数有多种取法，可以是工程直接费，或直接费与间接费之和，或直接费中的人工费，或直接费中的人工费和机械费之和。在工程量清单计价中，利润应纳入分部分项工程综合报价中。《广东省装饰装修工程综合定额（2003）》中规定，工程利润以人工费为计算基础，利润费率按20% ～ 35%计算。

四、税金

税金包括建筑企业的营业税（按工程造价）、城乡建设维护税、教育费附加三项税种，各税的计算按工程所在地地方标准计算。计算基数为工程直接费和间接费之和。

附 《建筑安装工程费用项目组成》

（建标〔2003〕206号）

建筑安装工程费用项目组成

一、直接费

由直接工程费和措施费组成。

（一）直接工程费

直接工程费是指施工过程中耗费的构成工程实体的各项费用，包括人工费、材料费、施工机械使用费。

1. 人工费：是指直接从事建筑安装工程施工的生产工人开支的各项费用，内容如下：

（1）基本工资：是指发放给生产工人的基本工资。

（2）工资性补贴：是指按规定标准发放的物价补贴，煤、燃气补贴，交通补贴，住房补贴，流动施工津贴等。

（3）生产工人辅助工资：是指生产工人年有效施工天数以外非作业天数的工资，包括职工学习、培训期间的工资，调动工作、探亲、休假期间的工资，因气候影响的停工工资，女工哺乳时间的工资，病假在六个月以内的工资及产、婚、丧假期的工资。

（4）职工福利费：是指按规定标准计提的职工福利费。

（5）生产工人劳动保护费：是指按规定标准发放的劳动保护用品的购置费及修理费，徒工服装补贴，防暑降温费，在有碍身体健康环境中施工的保健费用等。

2. 材料费：是指施工过程中耗费的构成工程实体的原材料、辅助材料、构配件、零件、半成品的费用。包括如下内容：

（1）材料原价（或供应价格）。

（2）材料运杂费：是指材料自来源地运至工地仓库或指定堆放地点所发生的全部费用。

（3）运输损耗费：是指材料在运输装卸过程中不可避免的损耗。

（4）采购及保管费：是指组织采购、供应和保管材料过程中所需要的各项费用。包括：采购费、仓储费、工地保管费、仓储损耗。

（5）检验试验费：是指对建筑材料、构件和建筑安装物进行一般鉴定、检查所发生的费用，包括自设试验室进行试验所耗用的材料和化学药品等费用；不包括新结构、新材料的试验费和建设单位对具有出厂合格证明的材料进行检验，对构件做破坏性试验及其他特殊要求检验试验的费用。

3．施工机械使用费：是指施工机械作业所发生的机械使用费以及机械安拆费和场外运输费。施工机械台班单价应由下列七项费用组成：

（1）折旧费：指施工机械在规定的使用年限内，陆续收回其原值及购置资金的时间价值。

（2）大修理费：指施工机械按规定的大修理间隔台班进行必要的大修理，以恢复其正常功能所需的费用。

（3）经常修理费：指施工机械除大修理以外的各级保养和临时故障排除所需的费用，包括为保障机械正常运转所需替换设备与随机配备工具附具的摊销和维护费用，机械运转中日常保养所需润滑与擦拭的材料费用及机械停滞期间的维护和保养费用等。

（4）安拆费及场外运费：安拆费指施工机械在现场进行安装与拆卸所需的人工、材料、机械和试运转费用以及机械辅助设施的折旧、搭设、拆除等费用；场外运费指施工机械整体或分体自停放地点运至施工现场或由一施工地点运至另一施工地点的运输、装卸、辅助材料及架线等费用。

（5）人工费：指机上司机（司炉）和其他操作人员的工作日人工费及上述人员在施工机械规定的年工作台班以外的人工费。

（6）燃料动力费：指施工机械在运转作业中所消耗的固体燃料（煤、木柴）、液体燃料（汽油、柴油）及水、电等。

（7）养路费及车船使用税：指施工机械按照国家规定和有关部门规定应缴纳的养路费、车船使用税、保险费及年检费等。

（二）措施费

措施费是指为完成工程项目施工，发生于该工程施工前和施工过程中非工程实体项目的费用，包括以下内容：

1．环境保护费：是指施工现场为达到环保部门要求所需要的各项费用。

2．文明施工费：是指施工现场文明施工所需要的各项费用。

3．安全施工费：是指施工现场安全施工所需要的各项费用。

4．临时设施费：是指施工企业为进行建筑工程施工所必须搭设的生活和生产用的临时建筑物、构筑物和其他临时设施费用等。

临时设施包括：临时宿舍、文化福利及公用事业房屋与构筑物，仓库、办公室、加工厂以及规定范围内道路、水、电、管线等临时设施和小型临时设施。

临时设施费用包括：临时设施的搭设、维修、拆除费或摊销费。

5. 夜间施工费：是指因夜间施工所发生的夜班补助费，夜间施工降效、夜间施工照明设备摊销及照明用电等费用。

6. 二次搬运费：是指因施工场地狭小等特殊情况而发生的二次搬运费用。

7. 大型机械设备进出场及安拆费：是指机械整体或分体自停放场地运至施工现场或由一个施工地点运至另一个施工地点，所发生的机械进出场运输转移费用及机械在施工现场进行安装、拆卸所需的人工费、材料费、机械费、试运转费和安装所需的辅助设施的费用。

8. 混凝土、钢筋混凝土模板及支架费：是指混凝土施工过程中需要的各种钢模板、木模板、支架等的支、拆、运输费用及模板、支架的摊销（或租赁）费用。

9. 脚手架费：是指施工需要的各种脚手架搭、拆、运输费用及脚手架的摊销（或租赁）费用。

10. 已完工程及设备保护费：是指竣工验收前，对已完工程及设备进行保护所需费用。

11. 施工排水、降水费：是指为确保工程在正常条件下施工，采取各种排水、降水措施所发生的费用。

二、间接费

间接费由规费、企业管理费组成。

（一）规费

规费是指政府和有关权力部门规定必须缴纳的费用（简称规费）。包括以下内容：

1. 工程排污费：是指施工现场按规定应缴纳的工程排污费。

2. 工程定额测定费：是指按规定支付给工程造价（定额）管理部门的定额测定费。

3. 社会保障费。

（1）养老保险费：是指企业按规定标准为职工缴纳的基本养老保险费。

（2）失业保险费：是指企业按照国家规定标准为职工缴纳的失业保险费。

（3）医疗保险费：是指企业按照规定标准为职工缴纳的基本医疗保险费。

4. 住房公积金：是指企业按规定标准为职工缴纳的住房公积金。

5. 危险作业意外伤害保险：是指按照建筑法规定，企业为从事危险作业的建筑安装施工人员支付的意外伤害保险费。

（二）企业管理费

企业管理费是指建筑安装企业组织施工生产和经营管理所需费用。包括以下内容：

1. 管理人员工资：是指管理人员的基本工资、工资性补贴、职工福利费、劳动保护费等。

2. 办公费：是指企业管理办公用的文具、纸张、账表、印刷、邮电、书报、会议、水电、烧水和集体取暖（包括现场临时宿舍取暖）用煤等费用。

3. 差旅交通费：是指职工因公出差、调动工作的差旅费、住宿补助费，市内交通费和误餐补助费，职工探亲路费，劳动力招募费，职工离退休、退职一次性路费，工伤人员就医路费，工地转移费以及管理部门使用的交通工具的油料、燃料、养路费及牌

照费。

4. 固定资产使用费：是指管理和试验部门及附属生产单位使用的属于固定资产的房屋、设备仪器等的折旧、大修、维修或租赁费。

5. 工具用具使用费：是指管理使用的不属于固定资产的生产工具、器具、家具、交通工具和检验、试验、测绘、消防用具等的购置、维修和摊销费。

6. 劳动保险费：是指由企业支付给离退休职工的易地安家补助费、职工退职金、六个月以上的病假人员工资、职工死亡丧葬补助费、抚恤费、按规定支付给离休干部的各项经费。

7. 工会经费：是指企业按职工工资总额计提的工会经费。

8. 职工教育经费：是指企业为职工学习先进技术和提高文化水平，按职工工资总额计提的费用。

9. 财产保险费：是指施工管理用财产、车辆保险。

10. 财务费：是指企业为筹集资金而发生的各种费用。

11. 税金：是指企业按规定应缴纳的房产税、车船使用税、土地使用税、印花税等。

12. 其他：包括技术转让费、技术开发费、业务招待费、绿化费、广告费、公证费、法律顾问费、审计费、咨询费等。

三、利润

利润是指施工企业完成所承包工程获得的盈利。

四、税金

税金是指国家税法规定的应计入建筑安装工程造价内的营业税、城市维护建设税及教育费附加税等。

第二章　工程量清单计价

第一节　工程量清单概述

工程量清单计价方法相对于传统的定额计价方法是一种新的计价模式，或者说是一种市场定价模式，是在我国建设工程实施了《招标投标法》后，对工程计价方式的重要改革。

一、工程量清单的概念

工程量清单是表现拟建工程的分部分项工程项目、措施项目、其他项目名称和相应的明细清单。它是按照工程的招标要求和施工设计图纸的要求将拟建招标工程的全部项目和内容，依据统一的工程量计算规则、统一的工程量清单项目编制规则要求，计算拟建招标工程的分部分项工程数量的表格。

工程量清单作为工程招标文件的组成部分，其内容应全面和准确，以使投标人能对招标工程有全面的了解。《房屋建筑和市政基础设施工程招标文件范本》中，工程量清单主要包括工程量清单说明和工程量清单表两部分。

1．工程量清单说明

工程量清单说明主要说明招标人解释拟招标工程的工程量清单的编制依据和重要作用，明确清单中的工程量是招标人估算出来的，仅仅作为投标人投标报价的基础和参考，提示投标人重视清单，以及如何使用清单。

2．工程量清单表

工程量清单表是工程量清单的重要部分，表格中填写拟招标工程的分部分项工程名称以及相应的工程量，如表 2－1 所示。

表 2－1　工程量清单

工程名称：（拟招标工程）

序号	项目编码	项目名称	计量单位	工程量
一		（分部工程名称）		
1		（分项工程名称）		
2				
⋮				

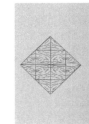

续表 2-1

序号	项目编码	项目名称	计量单位	工程量
二		（分部工程名称）		
1		（分项工程名称）		
2				
⋮				

二、工程量清单的编制

1. 项目编码

《建设工程工程量清单计价规范》中，对工程量清单中项目编码的设置作出了规定。项目编码以五级编码设置，用十二位阿拉伯数字表示。一、二、三、四级编码统一；第五级编码由工程量清单编制人区分具体工程的清单项目特征而分别编码。各级编码代表的含义如下：

（1）第一级表示分类码（占二位）：建筑工程01、装饰装修工程02、安装工程03、市政工程04、园林绿化工程05。

（2）第二级表示章顺序码（占二位）。

（3）第三级表示节顺序码（占二位）。

（4）第四级表示清单项目码（占三位）。

（5）第五级表示具体清单项目码（占三位）。

如项目编码020302002×××代表装饰装修工程的第三章天棚工程的第二节天棚吊顶的第二个清单项目格栅吊顶。其结构如图2-1所示。

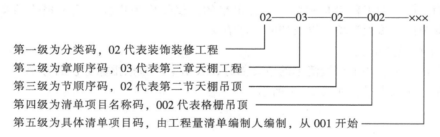

图 2-1

2. 项目名称

项目名称以形成工程实体来命名。如《GB 50500—2003 建设工程工程量清单计价规范》，装饰装修工程第三章天棚工程（B.3）中，有天棚抹灰（编码：020303001）、天棚吊顶（编码：020302001）、格栅吊顶（编码：020303002）、吊筒吊顶（编码：020304003）、藤条造型悬挂吊顶（编码：020305004）、织物软雕吊顶（编码：020301005）、网架（装饰）吊顶（编码：020301006）等。

3．计量单位

计量单位应采用基本单位，除有特殊规定外，均按以下单位计量：

（1）以重量计算的项目——吨或千克（t或kg）；

（2）以体积计算的项目——立方米（m^3）；

（3）以面积计算的项目——平方米（m^2）；

（4）以长度计算的项目——米（m）；

（5）以自然计量单位计算的项目——个、套、组、台、樘、块……

（6）没有具体数量的项目——项、系统……

4．工程数量

工程数量的计算主要通过《建设工程工程量清单计价规范》中的工程量计算规则计算得到。工程量计算规则是对清单项目工程量的计算规定。除另有说明外，所有清单项目的工程量应以实体工程量为准，并以完成后的静值计算。另外，投标人在投标报价时，应在单价中考虑项目施工时的各种损耗和需要增加的工程量。

三、招标文件中工程量清单的格式

招标文件中的工程量清单，一般由下列内容组成：

1．封面

由招标人填写。其形式如表2－2所示。

表2－2 封 面

_____工程
工 程 量 清 单
招 标 人：_____（单位签字盖章） 法定代表：_____（签字盖章） 中介机构 法定代表：_____（签字盖章） 造价工程师 及注册证号：_____（签字盖章执业专用章） 编制时间：_____

2．填表须知

填表须知主要有如下内容：

（1）工程量清单以及计价格式中所要求签字、盖章的地方，必须由规定的单位和人员签字和盖章。

（2）工程量清单以及计价格式中的内容不得随意涂改或删除。

（3）工程量清单以及计价格式中列明的所有需要填报的单价和合价，投标人均应填报，未填报的单价和合价，视为此项费用已包含在工程量清单的其他单价和合价中。

（4）明确报价金额表示的币种。

3. 总说明

总说明应包括下列内容：

（1）工程概况：建设规模、工程特征、计划工期、施工现场情况等。

（2）工程招标和分包范围。

（3）工程量清单编制依据。

（4）工程质量、材料、施工等特殊要求。

（5）招标人自行采购的材料名称、规格型号、数量等。

（6）其他项目清单中招标人部分的金额数量。

（7）其他需要说明的问题。

4. 分部分项工程量清单（表 2-3）

（1）项目编码。项目编码应按照计量规则的规定，编制具体项目编码。即在计量规则规定的 9 位统一编码后增加 3 位具体项目编码。这 3 位具体项目编码由招标人针对本工程项目的具体情况编制，并从 001 顺序起编制。如某天棚吊顶工程有三种吊顶，分别是轻钢龙骨纸面石膏板平面吊顶、轻钢龙骨纸面石膏板灯槽造型吊顶、轻钢龙骨铝合金条型板平面吊顶，在编制项目编码时，应编制的项目编码分别是：020302001001、020302001002、020302001003。

（2）项目名称。项目名称应按照计量规则的规定，结合工程项目特征描述，根据不同的项目特征组合确定该具体项目名称。

（3）计量单位。计量单位应按照计量规则中的计量单位确定。

（4）工程数量。工程数量应按照计量规则中的工程量计算规则计算。其精确度按下列规定：以"吨"为单位的，保留小数点后三位；以"立方米"、"平方米"、"米"为单位的，保留小数点后二位；以"项"、"套"、"组"为单位的，应取整数。

表 2-3　分部分项工程量清单

工程名称：　　　　　　　　　　　　　　　　　　　　　　第　页　共　页

序号	项目编码	项目名称	计量单位	工程数量

5. 措施项目清单（表2-4）

表2-4　措施项目清单

工程名称：　　　　　　　　　　　　　　　　　　　　　　　　第　页　共　页

序号	项目名称

措施项目清单应根据工程的具体情况列出，参照表2-5的标准列项。

表2-5　措施项目一览表

序号	项目名称
1. 通用项目	
1.1	环境保护费
1.2	文明施工费
1.3	安全施工费
1.4	临时设施费
1.5	夜间施工费
1.6	二次搬运费
1.7	大型机械设备进出场及安拆费
1.8	混凝土、钢筋混凝土模板及支架费
1.9	脚手架费
1.10	已完工程及设备保护费
1.11	施工排水、降水费
2. 建筑工程	
2.1	垂直运输继续机械
3. 装饰装修工程	
3.1	垂直运输继续机械
3.2	室内空气污染测试

序号	项目名称
4. 安装工程	
4.1	组装平台
4.2	设备、管道施工的安全、防冻和焊接保护措施
4.3	压力容器和高压管道的检验
4.4	焦炉施工大棚
4.5	焦炉烘炉、热态工程
4.6	管道安装后的充气保护措施
4.7	隧道内施工的通风、供水、供气、供电、照明及通讯设施
4.8	现场施工围栏
4.9	长输管道临时水工保护措施
4.10	长输管道施工便道
4.11	长输管道跨越或穿越施工措施
4.12	长输管道地下穿越地上建筑物的保护措施
4.13	长输管道工程施工队伍调遣
4.14	格架式抱杆
5. 市政工程	
5.1	围堰
5.2	筑岛
5.3	现场施工围栏
5.4	便道
5.5	便桥
5.6	洞内施工的通风、供水、供气、供电、照明及通讯设施
5.7	驳岸块石清理

6. 其他项目清单（表 2－6）

其他项目清单应根据拟建工程的具体情况，参考下列内容列出：

（1）招标人部分。包括预留金（招标人为可能发生的工程量变化而预留的金额）、材料购置费等。

（2）投标人部分。包括总承包服务费、零星工作费等。其中总承包服务费是指为配合协调招标人进行工程分包和材料自行采购所需的费用；零星工作费是指完成招标人提出的、不能以实物量计量的零星工作项目所需的费用。

表 2－6　其他项目清单

工程名称：　　　　　　　　　　　　　　　　　　　　　　　　　　　第　页　共　页

序号	项目名称
	招标人部分
	投标人部分

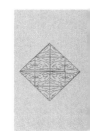

第二节　工程量清单计价方法的特点和格式

一、工程量清单计价方法的特点

工程量清单计价，是指在招标人提供的工程量清单的平台上，投标人根据自身的技术条件、管理、财务方面的能力进行报价，招标人根据具体的评标细则进行优选。这是市场定价的一种表现形式。在我国工程建设领域，随着工程招标投标的普及，这种计价方式将越来越规范和成熟。

在传统的工程招标投标计价中，通常是按预算定额规定的分部分项子项目，逐项计算工程量，然后套用预算定额的基价计算基本直接费，加上材料费、人工费及机械费的价差调整，再根据相关规定计算其他直接费、现场经费、间接费、利润和税金，经汇总后成为工程的标底或预算造价。这种计价方式在价格构成上比较清晰，但它不能反映工程的"质优价高"的市场原则。

在工程量清单计价方法的招标方式下，由业主或招标单位根据统一的工程量清单项目设置规则和工程量清单计量规则编制工程量清单，鼓励企业自主报价，业主根据其报价，结合质量、工期等因素综合评定，选择最佳的投标企业。在这种模式下，标底不再成为评标的主要依据，甚至可以不编标底，从而在工程价格的形成过程中摆脱了长期以

来的计划管理色彩，而由市场的参与双方自主定价，符合价格形成的基本原理。

因此，在现在的市场经济条件下，工程量清单计价方法的特点可以有如下几方面：

（1）满足工程投标竞争的需要。招标人提供工程量清单，由投标人填单价（此单价包含成本、利润和相关风险金等一切费用），单价填高了不能中标，填低了可能不中标或中标后要赔本。这体现了企业根据本身实力报价的特点。

（2）提供了一个平等的竞争条件。传统的施工图预算计价方法，由于图纸设计方面或计算人员理解方面的原因，计算工程量有不同，工程报价的计算相差甚远，容易产生纠纷。而工程量清单计价方法为投标者提供了平等竞争的前提，即相同的工程量。

（3）有利于工程款的拨付和工程造价的确定。投标单位中标后和业主签订施工合同，工程量清单报价成为合同的一部分，工程量的单价为业主确定工程款的拨付提供依据。在工程竣工后，业主根据工程的变更、工程量的增减，结合单价就很容易确定工程的总造价。

（4）有利于实现风险的合理分担。投标人对自己所报的单价负责，而对工程量的变更和计算错误不负责任。相应的，这部分的风险则由业主承担。

（5）有利于业主对投资的控制。传统的施工图预算计价方法，业主对因设计变更、工程量的增减所引起的工程造价变化不敏感，往往在竣工结算时才知道，但常常是为时已晚。而采用工程量清单计价方法则一目了然，在要变更设计时，能马上知道对工程造价的影响，这样业主可以根据投资情况来决定是否进行变更或进行方案对比，使投资得到有效控制。

二、投标报价中工程量清单计价格式

根据建设部发布的建筑装饰装修工程量清单计价办法，工程量清单计价格式应随招标文件至投标人。工程量清单计价格式应由下列内容组成。

1. 封面（表2－7）

表2－7　封　面

＿＿＿＿＿＿＿＿＿工程 工 程 量 清 单 报 价 表 投 标 人：＿＿＿＿＿＿＿＿＿＿（单位签字盖章） 法定代表：＿＿＿＿＿＿＿＿＿＿（签字盖章） 造价工程师 及注册证号：＿＿＿＿＿＿＿＿＿（签字盖章执业专用章） 编制时间：＿＿＿＿＿＿＿＿＿

2. 投标总价（表2-8）

表2-8　投标总价

投 标 总 价

建设单位：＿＿＿＿＿＿＿＿＿＿＿＿＿＿

工程名称：＿＿＿＿＿＿＿＿＿＿＿＿＿＿

投标总价(小写)：＿＿＿＿＿＿＿＿＿＿＿＿＿

　　　　（大写）：＿＿＿＿＿＿＿＿＿＿＿＿＿

投 标 人：＿＿＿＿＿＿＿＿＿＿＿＿　（单位签字盖章）

法定代表：＿＿＿＿＿＿＿＿＿＿＿＿　（签字盖章）

编制时间：＿＿＿＿＿＿＿＿＿＿＿＿

3. 工程项目总价表（表2-9）

表2-9　工程项目总价表

工程名称：

序号	单项工程名称	金额（元）
	合计	

4. 单项工程费汇总表（表2-10）

表2-10　单项工程费汇总表

工程名称：

序号	单项工程名称	金额（元）
	合计	

5. 单位工程费汇总表（表2-11）

表2-11　单位工程费汇总表

工程名称：

序号	项目名称	金额（元）
1	分部分项工程量清单计价合计	
2	措施项目清单计价合计	
3	其他项目	
4	规费	
5	税金	
	合计	

6. 分部分项工程量清单计价表（表2-12）

表2-12　分部分项工程量清单计价表

工程名称：

序号	项目编码	项目名称	计量单位	工程数量	金额（元）	
					综合单价	合计
		本页小计				
		合计				

7．措施项目清单计价表（表 2－13）

表 2－13　措施项目清单计价表

工程名称：

序号	项目名称	金额（元）
	合计	

8．其他项目清单计价表（表 2－14）

表 2－14　其他项目清单计价表

工程名称：

序号	项目名称	金额（元）
1	招标人部分	
	小计	
2	招标人部分	
	小计	
	合计	

9. 零星工作项目计价表（表2－15）

表2－15　零星工作项目计价表

工程名称：

序　号	名　称	计量单位	数　量	金额（元）	
				综合单价	合计
1	人工				
	小计				
2	材料				
	小计				
3	机械				
	小计				
	合计				

10. 分部分项工作量清单综合单价分析表（表2－16）

分部分项工作量清单综合单价分析表应由招标人根据需要提出要求后填写。

表 2－16　分部分项工程量清单综合单价分析表

工程名称：

项目编码	项目名称	工程内容	综合单价					综合单价
			人工费	材料费	机械使用费	管理费	利润	

11．措施项目费分析表（表 2－17）

措施项目费分析表应由招标人根据需要提出要求后填写。

表 2－17　措施项目费分析表

工程名称：

序号	措施项目名　称	单位	数量	金额					
				人工费	材料费	机械费	管理费	利润	小计
	合计								

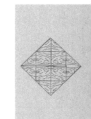

建筑装饰工程概预算与招投标

12. 主要材料价格表（表2-18）

表2-18 主要材料价格表

工程名称：

序号	材料编码	材料名称	规格、型号等特殊要求	单位	单价（元）

第三章　工程量计算

第一节　工程量计算概述

一、工程量的概念和作用

凡是工程计价都由两个因素决定：一个是各个工程子目的预算单价，另一个是该项工程子目的工程数量。因此，工程量的计算，是工程计价工作的基础和重要组成内容。

什么是工程量？工程量是指以物理量单位或自然量单位所表示的各个具体工程子目或结构构件的数量。物理量单位，就是以工程子目的某种物理属性为计量单位来表示该项工程的数量。如装饰工程中，多以法定计量单位中的米（m）、平方米（m²）、立方米（m³）以及吨（t）等单位或它们的倍数（10 m、100 m、10 m²、100 m²）来表示该项工程的数量。自然量计量单位，则主要以工程子目中所规定的施工对象本身的自然组成情况如个、组、件、套、台等或它们的倍数（10 个、10 组、10 件）作为计量单位，故称自然计量单位。

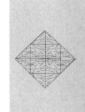

工程量是依据施工图规定的各部分项工程的尺寸、数量等通过列项具体计算出来的。工程量的计算，是单位工程确定工程量清单、工程直接费用的重要环节。只有根据施工图纸按工程量计算规则准确地计算出工程量，才能正确地计算出工程项目的直接费。因此，工程量计算正确与否，不仅直接关系到装饰工程造价的确定质量，而且，也关系到装饰工程的其他有关工作，如施工计划进度工作、物资采购供应工作、劳动力调配工作、统计会计核算工作等。因为工程量这个数值，是上述各项工作的基础，工程量数值不正确，就会直接影响到上述各项工作的正确性。因此，正确地计算装饰工程各分部分项工程量，对提高编制质量和加强施工管理、工程建设管理等，都具有重要的经济意义。

二、工程量计算的注意事项

工程量计算是一项复杂而又十分细致的工作，在整个工程预算编制过程中是最繁琐的一道工序，花费的时间也最长。工程量计算得准确与否将直接影响到预算计价的正确性。因此，工程量的计算务必认真细致，并遵循一定的原则，才能保证计算质量。建筑装饰工程量计算应注意以下事项。

（1）口径必须一致。所谓口径必须一致，是指计算工程量时，根据装饰工程施工图纸所列出的分项工程子目所包括的工作内容和范围口径，必须与统一规范计量规则中规定的相应分项工程子目的口径一致，才能迅速而准确地套用地区单位估价表中的工程量单价。计算工程量除必须熟悉施工图纸外，还必须熟悉计量规则中每个工程项目所包括的内容和范围。

（2）计量单位必须一致。所谓计量单位一致的原则，是指计算工程量时，根据装饰工程施工图纸列出的工程子目的计量单位，必须与计量规则中规定的计量单位相一致，才能准确地套用地区单位估价表中的工程量单价。例如计量规则中涉及的装饰工程子目，有的是米（m）、有的是平方米（m²）、有的是立方米（m³）、有的是延长米（m），还有的是吨（t）或千克（kg）和个、件、组等。所以，在计算装饰分项工程量时，所采用的计量单位必须与计量规则中相应分项工程的计量单位一致，否则，在编制装饰工程预算书时，就会出现选套不上预算价格的现象。同时，不应将计量单位扩大为定额规定的倍数，如"10 m³、100 m²、10 个、10 套"等。

（3）计算规则必须一致。计算建筑装饰工程量时，只有严格按照工程量计算规则计算，才能保证工程量的准确性，提高工程量和预算造价的编制质量。例如，计算墙壁体的抹灰或镶贴块材面层时，应按照其计算规则规定扣除门窗洞口所占的面积，计算各种顶棚龙骨时，应按计算规则规定的以主墙间净空面积计算，不扣除间壁墙、检查口、附墙烟囱、柱垛和管道所占面积，等等。只有这样，才能提高预算编制质量，达到控制工程造价的目的。

（4）必须按图纸计算。计算建筑装饰工程量时，应严格按照图纸所注尺寸进行计算，不能任意加大或缩小、任意增加或减少，以免影响工程量计算的准确性。

（5）必须列出计算式。在列式计算时，必须部位清楚，注明计算部位和轴线，计算式简单明了，并按一定的顺序排列，以便审核和校对。保留工程量计算书，作为复查的依据。

（6）必须注意计算顺序。在工程量计算时，为了防止计算时不遗漏项目、不重复计算，应按照一定的计算顺序进行计算。

（7）必须注意统筹计算。工程量计算时，各分项工程的施工顺序、相互位置及构造尺寸之间存在内在的联系，要注意统筹计算。如门窗的面积和外墙内墙的墙面抹灰面积，地面面积和天花吊顶面积。通过了解这种相互关系，寻找简化计算的途径，达到快速、高效的目的。

三、工程量计算的依据和顺序

（一）工程量计算的依据

工程量计算，一般来说应备齐以下资料：

（1）装饰工程全套施工蓝图（包括施工说明书）。

（2）装饰工程设计施工图所采用的通用图册。

（3）经审定的施工组织设计或施工方案。

（4）工程施工合同、招标文件的商务条款。

（5）工程量计算规则。

（二）工程量计算的步骤

工程量计算的步骤概括起来主要有以下几点：

（1）阅读施工图纸和施工说明书、施工组织设计或施工方案、工程施工合同、招标文件。

（2）熟悉工程量计算规则。

（3）确定分部工程项目、列出工程子目。

（4）列表计算分部分项（或子项）工程量等。

（三）工程量计算的顺序

为了快速、准确地计算工程量，防止漏项和重复计算，并便于审查，在计算建筑装饰工程量时，应结合施工图的具体情况，按以下几种不同顺序进行计算。

1. 按顺时针方向先左后右、先上后下、先横后竖计算

按顺时针的方向是指先从平面图左上角开始向右行进，绕一周后再回到左上方止。

先横后竖，先上后下是指在同一部位的分项工程应按先上后下，先左后右的顺序依次计算。

2. 按图纸的轴线及先外后内进行计算

设计复杂的建设项目，仅按上述顺序很可能发生重复或遗漏，为了方便计算，避免重复和遗漏，还可按设计图纸的轴线先外后内进行，并将其部位标记在工程量计算表的"部位提要"栏。

3. 按建筑物层次及图纸结构构件编号顺序进行计算

我国高层建筑日益增多，为了计算的方便和避免前后反复查阅图纸，可按建筑物的层次（如底层、二层、三层等）及结构构件编号进行计算。这种计算顺序的优点是可以避免前后反复查阅图纸，节省时间，提高工作效率。但其缺点是不同的结构构件工程量混同于一个计算表中，给汇总工程量造成不便。

上述三种计算顺序，在实际运用中，并非截然分开，有时同时穿插使用。建筑预算工程量计算用的表格如表3－1所示。

表3－1　预（概）算工程量计算表

工程编号：　　　　　　　　　　　　　　　　　　　　　　　　年　月　日

工程名称：　　　　　　　　　　　　　　　　　　　　　　　第　页共　页

序号	部位提要	分部分项工程名称	单位	工程量	计算式

计算：　　　　　　　　　　校核：　　　　　　　　　　审核：

第二节　装饰工程工程量清单计算规则

一、楼地面工程工程量计算规则

按照《GB 50500—2003 建设工程工程量清单计价规范》，楼地面装饰工程分为：①整体面层（编码：020101）；②块料面层（编码：020102）；③橡塑面层（编码：020103）；④其他材料面层（编码：020104）；⑤踢脚线（编码：020105）；⑥楼梯装饰（编码：020106）；⑦扶手、栏杆、栏板装饰（编码：020107）；⑧台阶装饰（编码：020108）；⑨零星装饰项目（编码：020109）。

（一）整体面层

整体面层是指在同一空间面积范围内，用同一种材料整体浇筑而成的楼地面面层。它分为水泥砂浆整体面层、现浇水磨石面层、细石混凝土面层、菱苦土面层等。

整体面层装饰工程量，按设计图示以面积（m²）计算。应扣除凸出地面的构筑物、设备基础、室内管道、地沟等所占的面积，不扣除柱、垛、间壁墙、附墙烟囱及面积在 0.3 m² 以内的孔洞所占面积，但门洞、空圈、暖气包槽、壁龛的开口部分亦不增加。

（二）块料面层

采用一定规格的块状材料，用相应的胶结料或粘结剂铺贴而成的楼地面面层，称为块料面层。工程量清单规范中包括石材楼地面、楼地面两项。

块料面层除包括大理石、花岗石外，还包括陶瓷地砖、玻璃地砖、马赛克、广场砖等。

块料面层装饰工程量，按设计图示以面积（m²）计算。应扣除凸出地面的构筑物、设备基础、室内管道、地沟等所占的面积，不扣除柱、垛、间壁墙、附墙烟囱及面积在 0.3 m² 以内的孔洞所占面积，但门洞、空圈、暖气包槽、壁龛的开口部分亦不增加。

（三）橡塑面层

橡塑面层，是指橡胶、塑料楼地面层，包括板材和卷材两种规格。

橡塑面层装饰工程量，按设计图示尺寸以面积（m²）计算。门洞、空圈、暖气包槽、壁龛的开口部分并入相应的工程量内。

（四）其他材料面层

其他材料面层包括地毯、竹木地板、防静电地板、金属复合板等。

其他材料面层装饰工程量，按设计图示尺寸以面积（m²）计算。门洞、空圈、暖气包槽、壁龛的开口部分并入相应的工程量内。

（五）踢脚线

踢脚线包括水泥砂浆踢脚线、石材踢脚线、块料踢脚线、现浇水磨石踢脚线、塑料板踢脚线、木质踢脚线、金属踢脚线、防静电踢脚线等。

工程量按设计图示长度尺寸乘以高度以面积（m²）计算。

（六）楼梯装饰

楼梯面层装饰包括水泥砂浆楼梯面、石材楼梯面、块料楼梯面、现浇水磨石楼梯面、塑料板楼梯面、木板楼梯面。

楼梯面层按设计图示长度尺寸（包括踏步、平台，以及小于500 mm的楼梯井）以水平投影面积计算。楼梯和楼地面相连时，算至梯口梁内侧边沿；无梯口梁者，算至最上一层踏步边沿加300 mm。

（七）扶手、栏杆、栏板装饰

扶手、栏杆、栏板装饰包括金属扶手带栏杆、栏板；硬木扶手带栏杆、栏板；扶手带栏杆、栏板；金属靠墙扶手；硬木靠墙扶手；塑料靠墙扶手。工程量按设计图示长度尺寸以扶手中心线长度（包括弯头长度）计算。

（八）台阶装饰

台阶装饰包括水泥砂浆台阶、石材台阶、块料台阶、现浇水磨石台阶、剁假石台阶。台阶面层（台阶面层包括踏步及最上一层踏步沿加300 mm）工程量按设计图示尺寸以水平投影面积计算。

（九）零星装饰项目

零星装饰项目包括石材零星项目、碎拼石材零星项目、块料零星项目、水泥砂浆零星项目。工程量按设计图示尺寸以面积（m^2）计算。

二、墙、柱面工程工程量计算规则

墙、柱面装饰工程分为：（1）墙面抹灰（编码：020201）；（2）柱面抹灰（编码：020202）；（3）零星抹灰（编码：020203）；（4）墙面镶贴块料（编码：020204）；（5）柱面镶贴块料（编码：020205）；（6）零星镶贴块料（编码：020206）；（7）墙饰面（编码：020207）；（8）柱（梁）饰面（编码：020208）；（9）隔断（编码：020209）；（10）幕墙（编码：020210）。

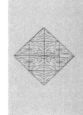

（一）墙面抹灰

墙面抹灰包括墙面一般抹灰、墙面装饰抹灰、墙面勾缝三大类型。

墙面抹灰按设计图示尺寸以面积计算。扣除墙裙、门窗洞口及单个0.3 m^2以上的孔洞面积，不扣除踢脚线、挂镜线和墙与构件交接处的面积，门窗洞口和孔洞的侧壁及顶面不增加面积。附墙柱、梁、垛、烟囱侧壁并入相应的墙面面积内。

（1）外墙抹灰面积按外墙壁垂直投影面积计算。

（2）外墙裙抹灰面积按其长度乘以高度计算。

（3）内墙抹灰面积按主墙间的净长度乘以高度计算。

①无墙裙的，高度按室内楼地面至天棚底面计算。

②有墙裙的，高度按墙裙顶到天棚底面计算。

（4）内墙裙抹灰面积按其长度乘以高度计算。

（二）柱面抹灰

柱面抹灰包括柱面一般抹灰、柱面装饰抹灰、柱面勾缝三大类型。

工程量按设计图示柱断面周长乘以高度以面积（m^2）计算。

（三）零星抹灰

零星抹灰包括零星项目一般抹灰、零星项目装饰抹灰。

工程量按设计图示以面积（m²）计算。

（四）墙面镶贴块料

墙面镶贴块料包括石材墙面、碎拼石材墙面、块料墙面、干挂石材钢骨架。

石材墙面、碎拼石材墙面、块料墙面的工程量按设计图示以面积（m²）计算；干挂石材钢骨架按设计图示以质量（t）计算。

（五）柱面镶贴块料

柱面镶贴块料包括石材柱面、碎拼石材柱面、块料柱面、石材梁面、块料梁面。

柱面镶贴块料的工程量均按设计图示以面积（m²）计算。

（六）零星镶贴块料

零星镶贴块料包括石材零星项目、碎拼石材零星项目、块料零星项目。

零星镶贴块料的工程量均按设计图示以面积（m²）计算。

（七）墙饰面

墙饰面指装饰板墙面。

按设计图示墙净长度乘以净高度以面积（m²）计算，扣除门窗洞口及单个 0.3 m² 以上的孔洞所占面积。

（八）柱（梁）饰面

柱（梁）饰面的工程量按设计图示饰面外围尺寸以面积（m²）计算。柱帽、柱墩并入相应柱饰面工程量内。

（九）隔断

隔断的工程量按设计图示框外围尺寸以面积（m²）计算。扣除单个 0.3 m² 以上的孔洞所占面积。浴厕门的材质和隔断相同时，门的面积并入隔断面积内。

（十）幕墙

幕墙包括带骨架幕墙和全玻璃幕墙。

带骨架幕墙的工程量按设计图示框外围尺寸以面积（m²）计算。与幕墙同种材质的窗所占的面积不扣除；全玻璃幕墙的工程量按设计图示尺寸以面积（m²）计算。带肋全玻璃幕墙按展开面积（m²）计算。

三、顶棚工程工程量计算规则

顶棚工程分为：①天棚抹灰（编码：020301）；②天棚吊顶（编码：020302）；③天棚其他装饰（编码：020303）。

（一）天棚抹灰

天棚抹灰工程量按设计图示尺寸以水平投影面积（m²）计算。不扣除间壁墙、柱、垛、附墙烟囱、检查口和管道所占面积。带梁天棚，梁两侧抹灰面积并入天棚面积内，板式楼梯底面抹灰按斜面面积计算，锯齿形楼梯底面抹灰按展开面积计算。

（二）天棚吊顶

天棚吊顶包括天棚吊顶、格栅吊顶、吊筒吊顶、藤条造型悬挂吊顶、织物软雕吊顶、网架（装饰）吊顶等。

天棚吊顶按设计图示尺寸以水平投影面积（m²）计算。天棚面中的灯槽及跌级、锯齿形、吊挂式、藻井式天棚面积不展开计算。不扣除间壁墙、柱垛、附墙烟囱、检查口和管道所占面积，扣除单个0.3 m²以上的孔洞、独立柱及与天棚相连的窗帘盒所占的面积。

格栅吊顶、吊筒吊顶、藤条造型悬挂吊顶、织物软雕吊顶、网架（装饰）吊顶均按设计图示尺寸以水平投影面积（m²）计算。

（三）天棚其他装饰

天棚其他装饰包括灯带、送风口（回风口）。

灯带的工程量按设计图示尺寸以框外围面积（m²）计算。送风口（回风口）按设计图示以数量计算。

四、门窗工程工程量计算规则

门窗工程工程量计算规则中，主项目分类包括：①木门（编码：020401）；②金属门（编码：020402）；③金属卷帘门（编码：020403）；④其他门（编码：020404）；⑤木窗（编码：020405）；⑥金属窗（编码：020406）；⑦门窗套（编码：020407）；⑧窗帘盒、窗帘轨（编码：020408）；⑨窗台板（编码：020409）。

（一）门、窗

所有门、窗均按设计图示以数量计算，计量单位为樘。如木门、金属门、金属卷帘门、其他门、木窗、金属窗等。

（二）门窗套

门窗套按设计图示尺寸以展开面积（m²）计算。

（三）窗帘盒、窗帘轨、窗台板

窗帘盒、窗帘轨、窗台板按设计图示尺寸以长度（m）计算。

五、油漆、涂料、裱糊工程工程量计算规则

油漆、涂料、裱糊工程工程量计算规则中，主项目分类包括：①门油漆（编码：020501）；②窗油漆（编码：020502）；③木扶手及其他板条线条油漆（编码：020503）；④木材面油漆（编码：020504）；⑤金属面油漆（编码：020505）；⑥抹灰面油漆（编码：020506）；⑦喷刷、涂料（编码：020507）；⑧花饰、线条刷涂料（编码：020508）；⑨裱糊（编码：020409）。

（一）门油漆

门油漆按设计图示以数量计算，计量单位为樘。

（二）窗油漆

窗油漆按设计图示以数量计算，计量单位为樘。

（三）木扶手及其他板条线条油漆

木扶手及其他板条线条油漆按设计图示尺寸以长度（m）计算。

（四）木材面油漆

木材面油漆包括：①木板、纤维板、胶合板油漆；②木护墙、木墙裙油漆；③窗台板、筒子板、盖板、门窗套、踢脚线油漆；④清水板条天棚、檐口油漆；⑤木方格吊顶

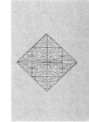

天棚油漆；⑥吸音板墙面、天棚面油漆；⑦暖气罩油漆；⑧木间壁、木间断油漆；⑨玻璃间壁炉明墙筋油漆；⑩木栅栏、木栏杆（带扶手）油漆；⑪衣柜、壁柜油漆；⑫梁柱饰面油漆；⑬零星木装修油漆；⑭木地板油漆；⑮木地板烫硬蜡面。

其中上述①～⑦项的木材面油漆按设计图示尺寸以面积（m²）计算；⑧～⑩项按设计图示尺寸以单面面积（m²）计算；⑪～⑬项按设计图示尺寸以油漆部分展开面积（m²）计算；⑭～⑮项按设计图示尺寸以面积（m²）计算。空洞、空圈、暖气包槽、壁龛的开口部分并入相应的工程量内。

（五）金属面油漆

金属面油漆按设计图示尺寸以质量（t）计算。

（六）抹灰面油漆

抹灰面油漆分为抹灰面油漆和抹灰线条油漆。

抹灰面油漆按设计图示尺寸以面积（m²）计算；抹灰线条油漆按设计图示尺寸以长度（m）计算。

（七）喷刷、涂料

喷刷、涂料按设计图示尺寸以面积（m²）计算。

（八）花饰、线条刷涂料

花饰、线条刷涂料包括空花格、栏杆刷涂料和线条刷涂料两部分。

空花格、栏杆刷涂料按设计图示尺寸以单面外围面积（m²）计算；线条刷涂料按设计图示尺寸以长度（m）计算。

（九）裱糊

裱糊按设计图示尺寸以面积（m²）计算。

六、其他工程

其他工程工程量计算规则中，主项目分类包括：①柜类、货架（编码：020601）；②暖气罩（编码：020602）；③浴厕配件（编码：020603）；④压条、装饰线（编码：020604）；⑤雨棚、旗杆（编码：020605）；⑥招牌、灯箱（编码：020606）；⑦美术字（编码：020607）。

（一）柜类、货架

柜类、货架按设计图示以数量计算，计量单位为个。

（二）暖气罩

暖气罩按设计图示尺寸以垂直投影面积（不展开）计算，计量单位为 m²。

（三）浴厕配件

浴厕配件包括：①洗漱台；②晒衣架；③帘子杆；④浴缸拉手；⑤毛巾杆（架）；⑥毛巾环；⑦卫生纸盒；⑧肥皂盒；⑨镜面玻璃；⑩镜箱。

其中①项按设计图示尺寸以台面外接矩形面积计算，不扣除孔洞、挖弯、削角所占面积，挡板、吊沿板面积并入台面面积内；②～⑧项按设计图示数量计算；⑨项按设计图示尺寸以边框外围面积计算；⑩项按设计图示数量计算。

（四）压条、装饰线

压条、装饰线按设计图示尺寸以长度（m）计算。

（五）雨棚、旗杆

雨棚、旗杆包括雨棚吊挂饰面和金属旗杆。

雨棚吊挂饰面按设计图示尺寸以水平投影面积（m^2）计算；金属旗杆按设计图示数量计算，计量单位为根。

（六）招牌、灯箱

招牌、灯箱包括：平面、箱式招牌；竖式标箱；灯箱。

平面、箱式招牌按设计图示尺寸以正立面边框外围面积（m^2）计算。复杂的凸凹造型部分不增加面积；灯箱、竖式标箱、灯箱按设计图示数量计算。

（七）美术字

美术字按设计图示以数量计算。

第三节 水电安装工程工程量清单计算规则

根据《GB 50500—2003 建设工程工程量清单计价规范》，本节摘录了与装饰工程关联较密切的室内电气安装和供排水管道安装工程的工程量计算规则。

1. 配管、配线

工程量清单项目设置及工程量计算规则，应按表 3-2 的规定执行。

表 3-2 配管、配线（摘自 GB 50500—2003，C.2.12）

项目编码	项目名称	项目特征	计算单位	工程量计算规则	工程内容
030212001	电气配管	①名称 ②材质 ③规格 ④配置形式及部位	m	按设计图示尺寸以延长米计算。不扣除管路中间的接线箱（盒）、灯头盒、开关盒所占长度	①刨沟槽 ②钢索架设（拉紧装置安装） ③支架制作、安装 ④电线管路敷设 ⑤接线盒（箱）、灯头盒、开关盒、插座盒安装 ⑥防腐油漆 ⑦接地
030212002	线槽	①材质 ②规格		按设计图示尺寸以延长米计算	①安装 ②油漆

续表 3－2

项目编码	项目名称	项目特征	计算单位	工程量计算规则	工程内容
030212003	电气配线	①配线形式 ②导线型号、材质规格 ③敷设部位或线制	m	按设计图示尺寸以单线延长米计算	①支持体（夹板、绝缘子、槽板等）安装 ②支架制作、安装 ③钢索架设（拉紧装置安装） ④配线 ⑤管内穿线

2．照明器具安装

工程量清单项目设置及工程量计算规则，应按表 3－3 的规定执行。

表 3－3　照明器具安装（摘自 GB 50500—2003，C. 2. 13）

项目编码	项目名称	项目特征	计算单位	工程量计算规则	工程内容
030213001	普通吸顶灯及其他灯具	①名称、型号 ②规格	套	按设计图示数量计算	①支架制作、安装 ②组装 ③油漆
030213002	工厂灯	①名称、安装 ②规格 ③安装形式及高度			①支架制作、安装 ②安装 ③油漆
030213003	装饰灯	①名称 ②型号 ③规格 ④安装高度			①支架制作、安装 ②安装
030213004	荧光灯	①名称 ②型号 ③规格 ④安装形式			安装
030213005	医疗专用灯	①名称 ②型号 ③规格			

续表 3－3

项目编码	项目名称	项目特征	计算单位	工程量计算规则	工程内容
030213006	一般路灯	①名称 ②型号 ③灯杆材质及高度 ④灯架形式及臂长 ⑤灯杆形式（单、双）			①基础制作、安装 ②立灯杆 ③杆座安装 ④灯架安装 ⑤引下线支架制作、安装 ⑥焊压接线端子 ⑦铁构件制作、安装 ⑧除锈、刷油 ⑨灯杆编号 ⑩接地
030213007	广场灯安装	①灯杆的材质及高度 ②灯架的型号 ③灯头的数量 ④基础形式及规格	套	按设计图示数量计算	①基础浇筑（包括土石方） ②立灯杆 ③杆座安装 ④灯架安装 ⑤引下线支架制作、安装 ⑥焊压接线端子 ⑦铁构件制作、安装 ⑧除锈、刷油 ⑨灯杆编号 ⑩接地
030213008	高杆灯安装	①灯杆高度 ②灯架型式（成套或组装、固定或升降） ③灯头数量 ④基础形式及规格			①基础浇筑（包括土石方） ②立杆 ③灯架安装 ④引下线支架制作、安装 ⑤焊压接线端子 ⑥铁构件制作、安装 ⑦除锈、刷油 ⑧灯杆编号 ⑨升降机构接线调试 ⑩接地
030213009	桥栏杆灯	①名称 ②型号 ③规格 ④安装形式			①支架、铁构件制作、安装、油漆 ②灯具安装
030213010	地道涵洞灯				

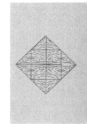

3．其他相关问题的处理（摘自 GB 50500—2003，C. 2. 14）

（1）"电气设备安装工程"适用于 10 kV 以下变配电设备及线路的安装工程。

（2）挖土、填土工程，应按建筑工程中基础挖填土相关项目编码列项。

（3）电机按其质量划分为大、中、小型。3 t 以下为小型，3 ～ 30 t 为中型，30 t 以上为大型。

（4）控制开关包括：自动空气开关、刀型开关、铁壳开关、胶盖刀闸开关、组合控制开关、万能转换开关、漏电保护开关等。

（5）小电器包括：按钮、照明用开关、插座、电笛、电铃、电风扇、水位电气信号装置、测量表计、继电器、电磁锁、屏上辅助设备、辅助电压互感器、小型安全变压器等。

（6）普通吸顶灯及其他灯具包括：圆球吸顶灯、半圆球吸顶灯、方形吸顶灯、软线吊灯、吊链灯、防水吊灯、壁灯等。

（7）工厂灯包括：工厂罩灯、防水灯、防尘灯、碘钨灯、投光灯、混光灯、高度标志灯、密闭灯等。

（8）装饰灯包括：吊式艺术装饰灯、吸顶式艺术装饰灯、荧光艺术装饰灯、几何型组合艺术装饰灯、标志灯、诱导装饰灯、水下艺术装饰灯、点光源艺术灯、歌舞厅灯具、草坪灯具等。

（9）医疗专用灯包括：病房指示灯、病房暗脚灯、紫外线杀菌灯、无影灯等。

4．给排水、采暖管道

工程量清单项目设置及工程量计算规则，应按表 3 - 4 的规定执行。

表 3 - 4　给排水、采暖管道（摘自 GB 50500—2003，C. 8. 1）

项目编码	项目名称	项目特征	计算单位	工程量计算规则	工程内容
030801001	镀锌钢管	①安装部位（室内、外）②输送介质（给水、排水、热媒体、燃气、雨水）③材质④型号、规格⑤连接方式⑥套管形式、材质、规格⑦接口材料⑧除锈、刷油、防腐、绝热及保护层设计要求	m	按设计图示管道中心线长度以延长米计算，不扣除阀门、管件（包括减压器、疏水器、水表、伸缩器等组成安装）及各种井类所占的长度；方形补偿器以其所占长度按管道安装工程量计算	①管道、管件及弯管的制作、安装②管件安装（指铜管管件、不锈钢管管件）③套管（包括防水套管）制作、安装④管道除锈、刷油、防腐⑤管道绝热及保护层安装、除锈、刷油
030801002	钢管				
030801003	承插铸铁管				
030801004	柔性抗震铸铁管				

续表 3－4

项目编码	项目名称	项目特征	计算单位	工程量计算规则	工程内容
030801005	塑料管（UPVC、PVC、PP－C、PP－R、PE 管道）				
030801006	橡胶连接管				
030801007	塑料复合管				⑥给水管道消毒、冲洗 ⑦水压及泄漏试验
030801008	钢骨架塑料复合管				
030801009	不锈钢管				
030801010	铜管				
030801011	承插缸瓦管				
030801012	承插水泥管				
030801013	承插陶土管				

5．管道支架制作安装

工程量清单项目设置及工程量计算规则，应按表 3－5 的规定执行。

表 3－5　管道支架制作安装（摘自 GB 50500—2003，C. 8. 2）

项目编码	项目名称	项目特征	计算单位	工程量计算规则	工程内容
030802001	管道支架制作安装	①形式 ②除锈、刷油设计要求	kg	按设计图示质量计算	①制作、安装 ②除锈、刷油

6．管道附件

工程量清单项目设置及工程量计算规则，应按表 3－6 的规定执行。

表 3－6　管道附件（摘自 GB 50500—2003，C.8.3）

项目编码	项目名称	项目特征	计算单位	工程量计算规则	工程内容
030803001	螺纹阀门	①类型 ②材质 ③型号、规格	个	按设计图示数量计算（包括浮球阀、手动排气阀、液压式水位控制阀、不锈钢阀门、煤气减压阀、液相自动转换阀、过滤阀等）	安装
030803002	螺纹法兰阀门				
030803003	焊接法兰阀门				
030803004	带短管甲乙的法兰阀				
030803005	自动排气阀				
030803006	安全阀				
030803007	减压器	①材质 ②型号、规格 ③连接方式	组	按设计图示数量计算	①安装 ②托架及表底基础制作、安装
030803008	疏水器				
030803009	法兰		副		
030803010	水表		组		
030803011	燃气表	①公用、民用、工业用 ②型号、规格	块		
030803012	塑料排水管消声器	型号、规格			
030803013	伸缩器	①类型 ②材质 ③型号、规格 ④连接方式	个	按设计图示数量计算 注：方形伸缩器的两臂，按臂长的 2 倍合并在管道安装长度内计算	安装
030803014	浮标液面计	型号、规格	组		
030803015	浮漂水位标尺	①用途 ②型号、规格	套	按设计图示数量计算	
030803016	抽水缸	①材质 ②型号、规格	个		
030803017	燃气管道调长器	型号、规格			
030803018	调长器与阀门连接				

7. 卫生器具制作安装

工程量清单项目设置及工程量计算规则，应按表 3－7 的规定执行。

表 3－7 卫生器具制作安装（摘自 GB 50500—2003，C. 8. 4）

项目编码	项目名称	项目特征	计算单位	工程量计算规则	工程内容
030804001	浴盆	①材质 ②组装形式 ③型号 ④开关	组	按设计图示数量计算	器具、附件安装
030804002	净身盆				
030804003	洗脸盆				
030804004	洗手盆				
030804005	洗涤盆（洗菜盆）				
030804006	化验盆				
030804007	淋浴器	①材质 ②组装方式 ③型号、规格	套		
030804008	淋浴间				
030804009	桑拿浴房				
030804010	按摩浴缸				
030804011	烘手机				
030804012	大便器				
030804013	小便器				
030804014	水箱制作安装	①材质 ②类型 ③型号、规格			①制作 ②安装 ③支架制作、安装及除锈、刷油 ④除锈、刷油
030804015	排水栓	①带存水弯、不带存水弯 ②材质 ③型号、规格	组		安装
030804016	水龙头	①材质 ②型号、规格	个		
030804017	地漏				
030804018	地面扫除口				
030804019	小便槽冲洗管制作安装		m		制作、安装

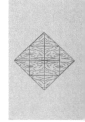

项目编码	项目名称	项目特征	计算单位	工程量计算规则	工程内容
030804020	热水器	①电能源 ②太阳能源	台	按设计图示数量计算	①安装 ②管道、管件、附件安装 ③保温
030804021	开水炉	①类型 ②型号、规格 ③安装方式			安装
030804022	容积式热交换器				①安装 ②保温 ③基础砌筑
030804023	蒸汽—水加热器	①类型 ②型号、规格	套		①安装 ②支架制作、安装 ③支架除锈、刷油
030804024	冷热水混合器				
030804025	电消毒器		台		安装
030804026	消毒锅				
030804027	饮水器		套		

第四节　建筑面积计算规则

一、建筑面积的概念和作用

　　房屋建筑的水平面面积，称为建筑面积。多层建筑物的建筑面积是各层建筑面积的总和。它包括使用面积、辅助面积和结构面积三部分内容。

　　使用面积是指建筑物各层平面布置中可直接为生产或生活使用的净面积的总和。在民用建筑中居室的净面积称为居住面积。

　　辅助面积是指建筑物各层平面布置间接为生产或生活服务所占用的净面积的总和。

　　结构面积是指建筑物各层布置中的墙、柱等结构构件所占面积的总和（不含抹灰厚度所占面积）。建筑面积扣除结构面积后的面积，称为净面积。

　　建筑面积是衡量建设规模，考察投资效果以及有关经济核算的综合性指标，因此，正确计算建筑面积工程量，不仅有利于土木建筑有关分项工程的工程数量和费用的计算，而且对于工程建设的各有关方面（如计划、统计、基建会计、设计、施工等）贯彻执行国家的工程建设方针政策具有重要的指导作用。

在装饰工程预算中，建筑面积是确定建筑装饰工程技术经济指标的重要依据，如：

$$单位面积装饰工程造价＝装饰工程总造价/建筑面积$$

$$单位面积人工消耗＝工程人工工日消耗量/建筑面积$$

$$单位面积材料消耗＝工程材料消耗量/建筑面积$$

二、建筑面积计算规则

（一）计算建筑面积的范围

1. 单层建筑物建筑面积

（1）单层建筑物不论其高度如何，均按一层计算建筑面积。其建筑面积按建筑物外墙勒脚以上结构的外围水平面积计算。见图3-1，其建筑面积可以用下列公式表示：

$$S = L \times B$$

式中　S——单层建筑物建筑面积，m^2；

　　　L——建筑物两端山墙勒脚以上结构外围水平距离，m；

　　　B——建筑物两纵墙勒脚以上结构外围水平距离，m。

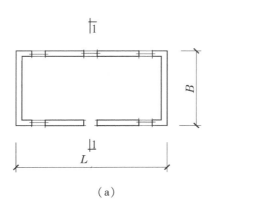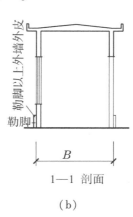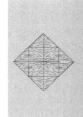

（a）　　　　　　　　　　　　　　　（b）

图3-1　单层建筑物楼层示意图

（2）单层建筑物内设有部分楼层者，首层建筑面积已包括在单层建筑物内，二层及二层以上应计算建筑面积。如图3-2，其建筑面积可以用下列公式表示：

$$S = L \times B + l \times b \times n$$

式中　S——单层建筑物内设有部分楼层时的建筑面积，m^2；

　　　L——建筑物两端山墙勒脚以上结构外围水平距离，m；

　　　B——建筑物两纵墙勒脚以上结构外围水平距离，m；

　　　l、b——分别为外墙勒脚以上外表面至局部楼层墙（柱）外边线的水平距离，m；

　　　n——局部楼层层数（本图例中 n 为2）。

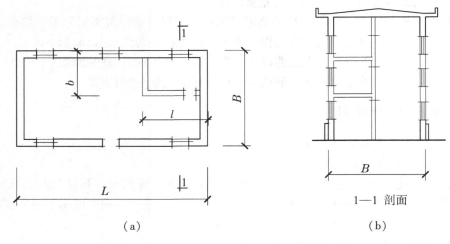

（a）　　　　　　　　　　　　　　　　（b）

1—1 剖面

图 3－2　建筑物内设有部分楼层示意图

（3）高低联跨的单层建筑物，需分别计算建筑面积时，应以高跨部分为主计算。

当高跨为边跨时，高跨建筑面积为勒脚以上两端山墙外表面间的水平距离乘以勒脚以上外墙外表面至高跨中柱外边线的水平宽度，如图 3－3 所示。

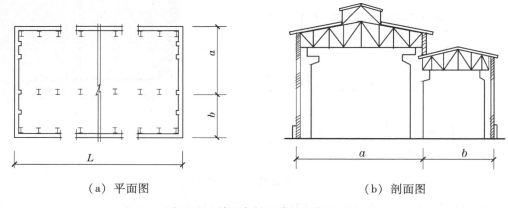

（a）平面图　　　　　　　　　　　　（b）剖面图

图 3－3　单层高低联跨的厂房（1）

当高跨为中跨时，高跨建筑面积为勒脚以上两端山墙外表面间的水平距离乘以中柱外边线的水平宽度，如图 3－4 所示。

高跨、低跨部分的建筑面积可按下式表示：

高跨建筑面积　　　　　　　　　$S_g = L \times a$

低跨建筑面积　　　　　　　　　$S_d = L \times b$

式中　S_g——高跨部分的建筑面积，m^2；

　　　S_d——低跨部分的建筑面积，m^2；

　　　a——当高跨为边跨时为勒脚以上外墙外表面至高跨中柱外边线的水平宽度，m；

　　　　　当高跨为中跨时为高跨中柱外边线的水平宽度，m；

　　　b——低跨勒脚以上外墙外表面至中柱内边线的水平宽度，m。

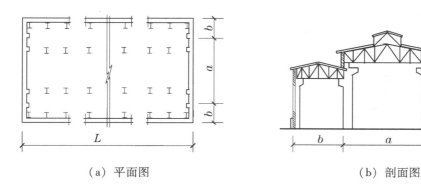

（a）平面图　　　　　　　　　（b）剖面图

图 3-4　单层高低联跨的厂房（2）

（4）建筑外墙为预制挂（壁）板的，按挂（壁）板外墙主墙间的水平投影面积计算。如图 3-5 所示，其建筑面积可以用下列公式表示：

$$S = L \times b$$

式中　S——建筑面积，m^2；

　　　L——建筑物两端山墙挂（壁）板外墙主墙间的水平距离，m；

　　　b——图示挂（壁）板外墙主墙间的水平距离，m。

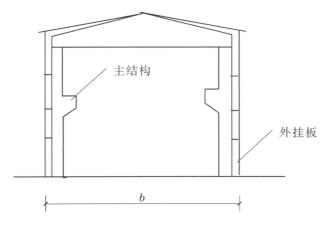

图 3-5　挂（壁）板外墙结构建筑

2．多层建筑物建筑面积

多层建筑物建筑面积按各层建筑面积之和计算，其首层建筑面积按外墙勒脚以上结构的外围水平面积计算，二层及二层以上按外墙结构的外围水平面积计算。如图 3-6 所示，其建筑面积可以用下列公式表示：

$$S = S_1 + S_2 + \cdots + S_n = \sum S_i$$

式中　S——多层建筑物的建筑面积，m^2；

　　　S_i——第 i 层的建筑面积，m^2；

　　　n——建筑物的总层数。

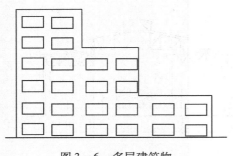

图 3-6　多层建筑物

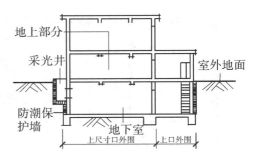

图 3-7　地下室建筑物

3．其他建筑物建筑面积

（1）同一建筑物如结构、层数不同时，应分别计算建筑面积。

（2）地下室、半地下室、地下车间、仓库、商店、车站、地下指挥部等及相应的出入口建筑面积，按其上口外墙（不包括采光井、防潮层及其保护墙）外围水平面积计算，如图 3-7 所示。

（3）建于坡地的建筑物利用吊脚空间设置架空层和深基础地下架空层设计对底层空间加以利用时，其层高超过 2.2 m，按围护结构外围水平面积计算建筑面积，如图 3-8 所示。

有时室内阶梯教室、文体场所看台等处也形成类似吊脚，如图 3-9 所示。

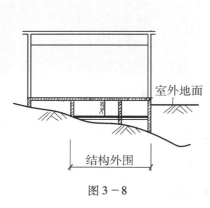

图 3-8

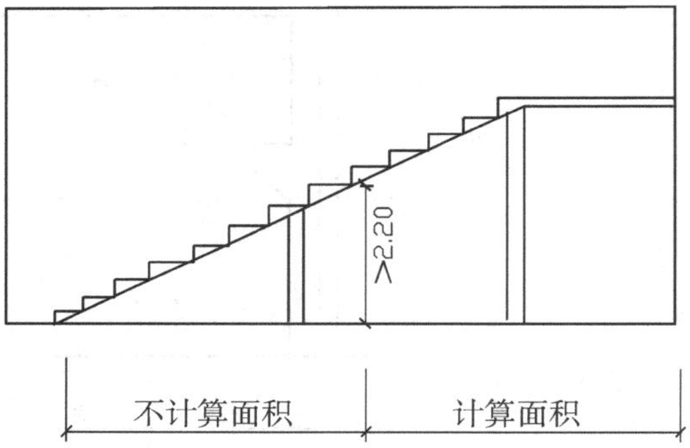

图 3-9

（4）穿过建筑物的通道，建筑物内的门厅、大厅，不论其高度如何均按一层建筑面积计算。门厅、大厅内设有回廊时，按其自然层的水平投影面积计算建筑面积。门厅、大厅回廊，是指沿厅周边布置的楼层走廊，按回廊结构层的边线尺寸计算其建筑面积，如图 3-10 所示。

其建筑面积可以用下列公式表示：

$$S = S_1 + S_2 = a \times b + S_2$$

式中　S——带有回廊的门厅、大厅的建筑面积，m^2；

S_1——不带回廊的门厅、大厅的建筑面积，m^2；

S_2——回廊部分的建筑面积，m^2（图中阴影部分面积）。

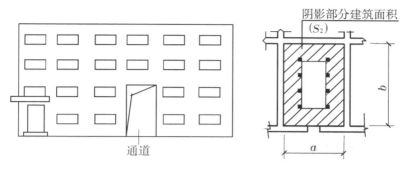

图 3-10　通道、门厅、回廊示意图

（5）室内楼梯间、电梯井、提物井、垃圾道、管道井等均按建筑物的自然层计算建筑面积，如图 3-11 所示。

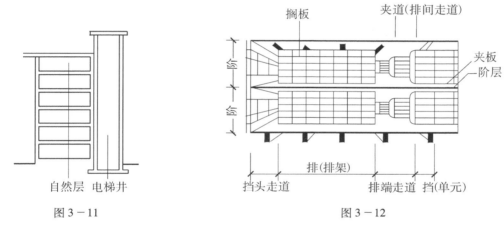

图 3-11

图 3-12

（6）书库、立体仓库设有结构层的，按结构层计算建筑面积，没有结构层的，按承重书架层或货架层计算建筑面积，如图 3-12 所示。

（7）有围护结构的舞台灯光控制室，按其围护结构外围水平面积乘以层数计算建筑面积，如图 3-13 所示。

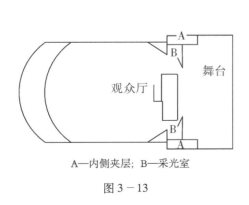

A—内侧夹层；B—采光室

图 3-13

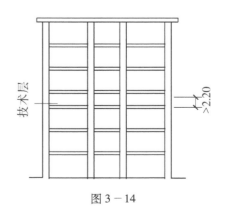

图 3-14

（8）建筑物内设备管道层、贮藏室其层高超过 2.2m 时，应计算建筑面积，如图 3−14所示。

（9）有柱的雨棚、车棚、货棚、站台等，按柱外围水平面积计算建筑面积；独立柱的雨棚、单排柱的车棚、货棚、站台等，按其顶盖水平投影面积的一半计算建筑面积。

①有柱雨棚一般指有两根柱（即伸出主墙外有两个支撑点）以上的雨棚，如图 3−15所示。当雨棚布置在纵横交叉墙的拐角处时，虽然雨棚只有一根柱，但支点是两个，因此该雨棚仍视为有柱雨棚，如图 3−16 所示。

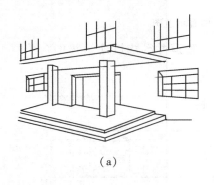
（a）

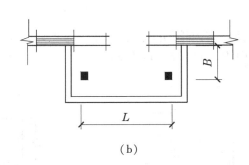
（b）

图 3−15

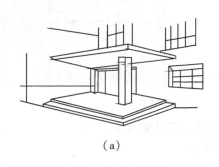
（a）

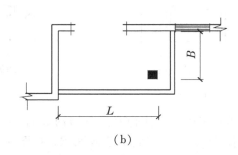
（b）

图 3−16

有柱的车棚、货棚、站台是指有两排柱以上，如图 3−17。

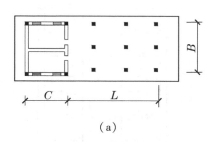
（a）

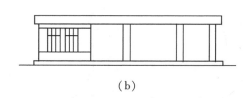
（b）

图 3−17

有柱的雨棚、车棚、货棚、站台等的建筑面积可以用下列公式表示：

$$S = L \times B$$

式中　S——有柱的雨棚、车棚、货棚、站台的建筑面积，m^2；

　　　L——两柱外边线间的水平距离，m；

　　　B——柱外边线到墙外表面间的距离，m。

②独立柱的雨棚是指有一根柱（即伸出主墙外有一个支撑点）的雨棚，如图3－18所示。

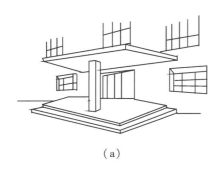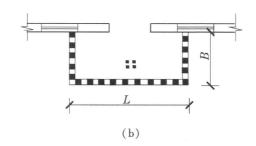

（a）　　　　　　　　　　　　　　　　（b）

图 3－18

单排柱、独立柱的车棚、货棚、站台等，如图3－19所示。

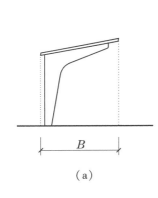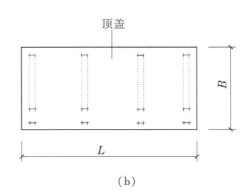

（a）　　　　　　　　　　　　　　　　（b）

图 3－19

上述情况的建筑面积，均按其顶盖水平投影面积的一半计算。其建筑面积可以用下列公式表示：

$$S = \frac{1}{2} L \times B$$

式中　S——独立柱的雨棚、单排柱（独立柱）车棚等的建筑面积，m^2；

　　　L——顶盖长度的水平投影长度，m；

　　　B——顶盖宽度的水平投影长度，m。

（10）屋面上部有围护结构的楼梯间、水箱间、电梯机房等，按围护结构外围水平面积计算建筑面积，如图3－20所示。

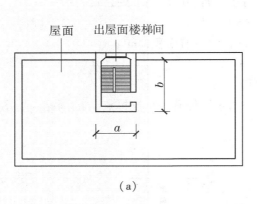
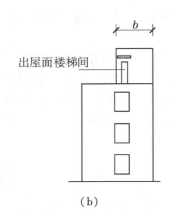

（a）　　　　　　　　　　　　　（b）

图 3－20

（11）建筑物外有围护结构的门斗、眺望间、观望电梯间、阳台（如图 3－22）、橱窗、挑廊等，按其围护结构外围水平面积计算建筑面积。

①突出墙外的有围护结构的门斗、眺望间、观望电梯间，如图 3－21 所示。

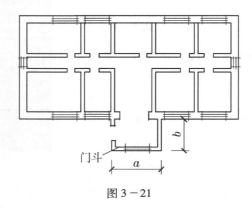

图 3－21

其建筑面积可以用以下公式表示：

$$S = a \times b$$

式中　S——门斗、眺望间、观望电梯间的建筑面积，m^2；

　　　　a——门斗、眺望间、观望电梯间两外墙外表面间的距离，m；

　　　　b——门斗、眺望间、观望电梯间外墙外表面至外墙外表面的距离，m。

②有围护结构的阳台、挑廊，如图 3－22 所示。

其建筑面积可以用下列公式表示：

$$S = a \times b_1 + c \times b_2$$

式中　S——有围护结构的阳台的建筑面积，m^2；

　　　　a——阳台板的水平投影长度，m；

　　　　c——凹阳台两外墙外边线间的长度，m；

　　　　b_1——阳台板挑出外墙身的宽度，m；

　　　　b_2——凹阳台板凹进外墙身的宽度，m。

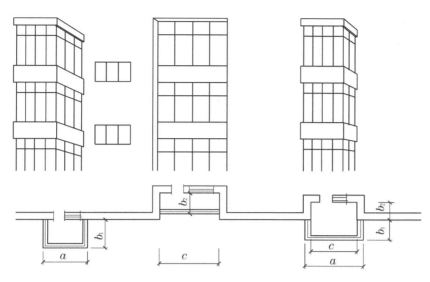

图 3 - 22

（12）建筑物外有柱和顶盖走廊、檐廊，按柱外围水平面积计算建筑面积；有盖无柱的走廊、檐廊挑出墙外宽度在 1.5 m 以上时，按其顶盖投影面积一半计算建筑面积。无围护结构的凹阳台、挑阳台，按其水平面积一半计算建筑面积。

①有柱和顶盖走廊、檐廊，如图 3 - 23 所示。

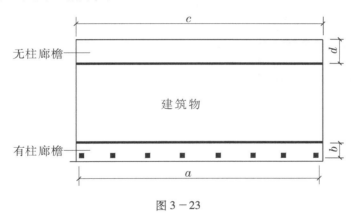

图 3 - 23

其建筑面积可以用下列公式表示：

$$S = a \times b$$

式中 S——有柱和顶盖走廊、檐廊的建筑面积，m^2；

　　a——走廊、檐廊柱外边线间的距离，m；

　　b——柱外边线至外墙外边线间的距离，m。

②有顶盖无柱的走廊、檐廊，如图 3 - 23 所示。其建筑面积可以用下列公式表示：

$$S = c \times d/2$$

式中 S——有顶盖无柱的走廊、檐廊的建筑面积，m^2；

　　c——顶盖的投影长度，m；

d——顶盖的投影宽度，m。

③无围护结构的凹阳台、挑阳台，如图 3 - 24 所示。

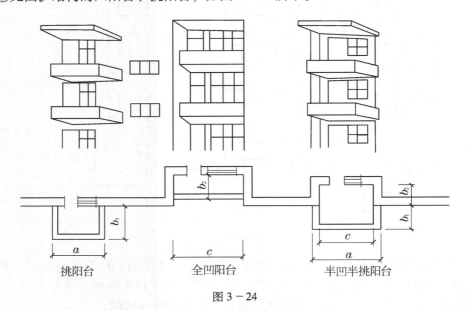

挑阳台   全凹阳台   半凹半挑阳台

图 3 - 24

其建筑面积可以用下列公式表示：

$$S = \frac{1}{2}（a \times b_1 + c \times b_2）$$

式中　S——无围护结构的阳台的建筑面积，m²；

　　　　a——阳台板的水平投影长度，m；

　　　　c——凹阳台两外墙外边线间的长度，m；

　　　　b_1——阳台板挑出外墙身的宽度，m；

　　　　b_2——凹阳台板凹进外墙身的宽度，m。

（13）室外楼梯，作为主要通道和疏散通道，应按自然层投影面积之和计算建筑面积，如图 3 - 25 所示。

（14）建筑物内变形缝、沉降缝等，凡缝宽在 300 mm 以内者，均依其缝宽按自然层计算建筑面积，并入建筑物建筑面积之内计算。

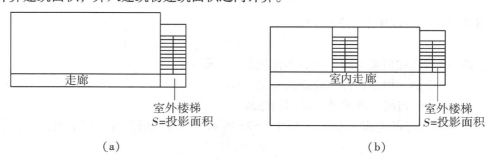

（a）　 （b）

图 3 - 25

（二）不计算建筑面积的范围

（1）突出外墙的构件、配件、附墙柱、垛、勒脚、台阶、悬挑雨棚、墙面抹灰、镶贴块材、装饰面等。

（2）用于检修、消防等的室外爬梯，如图3-26所示。

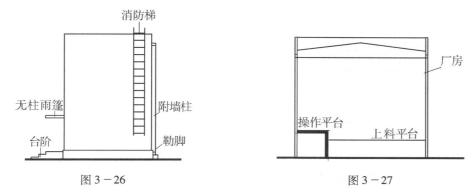

图3-26　　　　　　　　　　　　图3-27

（3）层高2.2m以内设备管道层、储藏室、设计不利用的深基础架空层及吊脚架空层。

（4）建筑物内操作平台、上料平台（如图3-27）、安装箱或罐体平台；没有围护结构的屋顶水箱、花架、凉棚等。

（5）独立烟囱、烟道、地沟、油（水）罐、气柜、水塔、储油（水）池、储仓、地下人防通道等构筑物。

（6）单层建筑物内分隔单层房间，舞台及后台悬挂的幕布、布景天桥、挑台。

（7）建筑物内宽度大于300mm的变形缝、沉降缝。

第四章　建筑装饰工程用料的计算

建筑装饰材料是建筑装饰工程的重要物质基础，建筑装饰材料费用在建筑装饰工程造价中占有很大的比重。正确地管理和使用建筑装饰材料，是降低建筑装饰工程成本的重要措施。建筑装饰材料的用量计算，是编制建筑装饰工程预算的重要环节。

第一节　砂浆配合比的计算

一、一般抹灰砂浆的配合比

抹灰砂浆包括水泥砂浆、石灰砂浆、混合砂浆（水泥、石灰砂浆）。抹灰砂浆的配合比，均以体积比计算。其材料用量按体积比计算，可用下式表示：

$$Q_S = \frac{S}{(\sum f - S \cdot S_p)}$$

$$Q_C = \frac{C \cdot r_C \cdot Q_S}{S}$$

$$Q_d = \frac{d \cdot Q_S}{S}$$

式中　Q_S——砂子用量，m^3；

S——砂子比例数；

Q_C——水泥用量，kg；

C——水泥比例数；

Q_d——石灰膏用量，m^3；

d——石灰膏比例数；

$\sum f$——配合比的总比例数；

S_p——砂空隙率，%；

r_C——水泥容重，kg/m^3。

当砂子用量超过 1 m^3 时，因其空隙体积已大于灰浆体积，均按 1 m^3 取定。砂子密度按 2 650 kg/m^3 计，容重为 1 550 kg/m^3，空隙率为 40%。水泥密度按 3 100 kg/m^3 计，容重为 1 200 kg/m^3。石灰膏的生石灰用量为 600 kg/m^3。粉化灰的生石灰用量为 501 kg/m^3。

例 4 - 1　水泥砂浆配合比为 1 : 2.5（水泥 : 砂），求材料用量。

解　砂子用量 $Q_S = \dfrac{2.5}{(1 + 2.5) - 2.5 \times 0.4} = 1$ m^3

水泥用量 $Q_C = 1 \times 1200 \times \dfrac{1}{2.5} = 480$ kg

例 4 - 2　石灰砂浆配合比为 1 : 3（石灰膏 : 砂），求材料用量。

解　砂子用量 $Q_S = \dfrac{3}{(1+3) - 3 \times 0.4} = 1.071$ m$^3 \approx 1$ m^3

石灰膏用量 $Q_d = 1 \times \dfrac{1}{3} = 0.333$ m^3

例 4 - 3　水泥石灰砂浆配合比为 1 : 0.3 : 4（水泥 : 石灰膏 : 砂），求材料用量。

解　砂子用量 $Q_S = \dfrac{4}{(1+0.3+4) - 4 \times 0.4} = 1.081$ m$^3 \approx 1$ m^3

水泥用量 $Q_C = 1 \times 1200 \times \dfrac{1}{4} = 300$ kg

石灰膏用量 $Q_d = 0.3 \times \dfrac{1}{4} = 0.075$ m^3

二、装饰砂浆的配合比

外墙装饰砂浆分为水刷石、干粘石、水磨石、剁假石、假回砖、拉毛灰等。水泥白石子浆配合比计算，可采用一般抹灰砂浆计算公式。

白石子密度 2700 kg/m^3，堆积密度 1500 kg/m^3，空隙率为 44%。当白石子计算量超过 1 m^3 时，它与砂的计算方法相同，按 1 m^3 取定。

纯水泥砂浆的计算方法如下：

用水量按水泥的 35% 计，则

$$水灰比：0.35 \times \dfrac{1200}{1000} = 0.42$$

$$虚体积系数 = \dfrac{1}{1+0.42} = 0.7042$$

收缩后的体积：

$$水泥净体积 = \dfrac{0.7042 \times 1200}{3100} = 0.2726 \text{ m}^3$$

$$水净体积 = 0.7042 \times 0.42 = 0.2958 \text{ m}^3$$

合计为：0.5684 m^3，

$$实体积系数 = \dfrac{1}{(1+0.42) \times 0.5684} = 1.239$$

水泥用量 = 1.239 × 1200 = 1487 kg

水用量 = 1.239 × 0.42 = 0.52 m^3

装饰砂浆的水刷石、水磨石、剁假石等的配合比见表 4 - 1。

每 1 m^3 水泥砂浆、石灰砂浆、水泥白石子浆、水泥石屑浆、混合砂浆、纸筋麻刀石灰浆等不同配合比的材料用量见表 4 - 2 ～ 表 4 - 7。

表 4-1 各类抹灰砂浆配合比表

项 目	分层做法		厚度（mm）
水刷石	水泥砂浆 1:3 底层		15
	水泥白石子浆 1:1.5 面层		10
剁假石	水泥砂浆 1:3 底层		16
	水泥石屑浆 1:2 面层		
水磨石	水泥砂浆 1:3 底层		16
	水泥白石子浆 1:2.5 面层		12
干粘石	水泥砂浆 1:3 底层		15
	水泥砂浆 1:2 面层		7
石灰拉毛	水泥砂浆 1:3 底层		14
	纸筋灰浆面层		6
水泥拉毛	混合砂浆 1:3:9 底层		14
	混合砂浆 1:1:2 面层		6
喷涂	混凝土外墙	水泥砂浆 1:3 底层	1
		混合砂浆 1:1:2 面层	4
	砖外墙	水泥砂浆 1:3 底层	15
		混合砂浆 1:1:2 面层	4
滚涂	混凝土墙	水泥砂浆 1:3 底层	1
		混合砂浆 1:1:2 面层	4
	砖墙	水泥砂浆 1:3 底层	15
		混合砂浆 1:1:2 面层	4

表 4-2 每 1 m³ 水泥砂浆各配合比的材料用量

项 目	单 位	1:1	1:2	1:2.5	1:3
水泥 325 号	kg	758	550	485	404
中（粗）砂	m³	0.64	0.93	1.02	1.02
水	m³	0.70	0.30	0.30	0.30

表 4-3 每 1 m³ 石灰砂浆各配合比的材料用量

项 目	单 位	1:1	1:2	1:2.5	1:3
石灰膏	m³	0.74	0.47	0.40	0.36
中（粗）砂	m³	0.84	0.97	1.02	1.02
水	m³	0.60	0.60	0.60	0.60

表 4-4 每 1 m³ 水泥白石子浆各配合比的材料用量

项 目	单位	1:1.15	1:1.5	1:2	1:2.5	1:3
水泥 325 号	kg	1099	915	686	550	458
白石子	kg	1072	1189	1376	1459	1459
水	m³	0.30	0.30	0.30	0.30	0.30

表 4－5　每 1 m³ 水泥石屑浆等各配合比的材料用量

项　目	单　位	水泥石屑浆 1:2	水泥豆石浆 1:1.25	素水泥浆
水泥 325 号	kg	686	1099	1502
豆粒砂	m³	—	0.73	—
石屑	kg	1376	—	—
水	m³	0.30	0.30	0.30

表 4－6　每 1 m³ 混合砂浆各配合比的材料用量

项　目	单位	1:0.5:1	1:3:9	1:2:1	1:0.5:4	1:1:2	1:0.3:3
水泥 325 号	kg	557	129	335	303	379	391
石灰膏	m²	0.24	0.32	0.56	0.13	0.32	0.10
中（粗）砂	m³	0.49	0.98	0.28	1.02	0.64	0.99
水	m³	0.60	0.60	0.60	0.60	0.60	0.60

项　目	单位	1:1:1	1:1:6	1:0.5:5	1:0.5:3	1:1:4	1:0.2:2
水泥 325 号	kg	467	203	242	368	276	504
石灰膏	m²	0.39	0.17	0.10	0.15	0.23	0.08
中（粗）砂	m²	0.39	1.02	1.02	0.93	0.9	0.85
水	m³	0.60	0.60	0.60	0.60	0.60	0.60

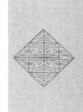

表 4－7　每 1 m³ 纸筋、麻刀石灰浆的材料用量

项目	单位	纸筋石灰浆	麻刀石灰浆	石灰草筋砂浆	石灰麻刀石灰浆	纸筋石膏浆	水泥石灰麻刀砂浆
水泥 325 号	kg	—	—	—	—	—	244
石灰膏	m³	1.01	1.01	0.33	0.34	—	0.37
中（粗）砂	m³	—	—	1.02	1.02	—	0.75
纸筋	kg	38	—	—	—	26.30	—
麻刀	kg	—	12.12	—	16.60	—	16.60
石膏粉	kg	—	—	—	—	846	—
稻草	kg	—	—	18	—	—	—
水	m³	0.50	0.50	0.60	0.60	0.45	0.60

注：以上各表的材料用量均已包括损耗。

第二节　装饰用块料用量的计算

一、铝合金装饰板

铝合金装饰板是现代化建筑的装饰材料，具有耐热、耐磨、防腐蚀、抗震等特点，刻有图案花饰，美观大方；适用于室内、外装饰墙柱面、吊顶板等。

（一）品种及规格

铝合金装饰板品种及规格见表4-8。

表4-8　铝合金装饰板品种及规格

厚度（mm）	内装0.50～1.0，外装2.0
规格	800 mm×600 mm 压型条板
表面颜色	铝本色、褐色、有光、无光
参考价格（元/m³）	96～100，160～220

注：参考价格均为出厂价格，下同。

（二）用量计算

例4-4　铝合金装饰板的规格为600 mm×600 mm，其损耗率为1%，求100 m² 的用量。

解　$100 \text{ m}^2 \text{ 用量} = 100 \times \dfrac{1 + \text{损耗率}}{\text{块长} \times \text{块宽}}$

$$= 100 \times \frac{1 + 0.01}{0.60 \times 0.60} = 280 \text{ 块}$$

二、铝艺术装饰板

铝艺术装饰板是现代高级建筑的室内装饰材料，它有各种图案，并且有质感、耐腐蚀、耐磨等。它适用于门厅、柱面、墙面、吊顶、家具等。

（一）品种及规格

铝艺术装饰板的品种及规格见表4-9。

表4-9　铝艺术装饰板的品种及规格

厚度（mm）	0.5～0.8
规格	500 mm×500 mm、1200 mm×500 mm 等
表面颜色	铝本色、金黄色、浅蓝色等
参考价格（元/m³）	48～60

（二）用量计算

例 4 - 5　铝艺术装饰板的规格为 500 mm×500 mm，其损耗率为 1%，求 100 m² 的用量。

解　需要铝艺术装饰板：

$$100 \text{ m}^2 \text{ 用量} = 100 \times \frac{1 + \text{损耗率}}{\text{块长} \times \text{块宽}}$$

$$= 100 \times \frac{1 + 0.01}{0.50 \times 0.50} = 404 \text{ 块}$$

三、石膏装饰板

（一）品种及规格

石膏装饰板的品种及规格见表 4 - 10。

表 4 - 10　石膏装饰板的品种及规格

厚度（mm）	8、9、10
规格	300 mm×300 mm、400 mm×400 mm、500 mm×500 mm、600 mm×600 mm
表面颜色	贴面彩色花面、钻孔面、浮雕面等
参考价格（元/m²）	白色面　4.00 ～ 5.00 白压花面　5.00 ～ 6.00 白浮雕面　7.00 ～ 8.00 彩色压花面　5.20 ～ 5.60

（二）用量计算

计算公式：

$$100 \text{ m}^2 \text{ 用量} = 100 \times \frac{1 + \text{损耗率}}{\text{块长} \times \text{块宽}} \quad （块）$$

公式说明：

（1）凡块料均用此式计算；

（2）拼缝应按设计要求离缝或压条等。

例 4 - 6　石膏装饰板 500 mm×500 mm，其拼缝宽为 2 mm，损耗率为 1%，试求 100 m² 需用的块数。

解　需要该规格石膏装饰板：

$$100 \text{ m}^2 \text{ 用量} = 100 \times \frac{1 + 0.01}{(0.50 + 0.002) \times (0.50 + 0.002)} = 401 \text{ 块}$$

四、釉面砖

釉面砖，又称"内墙面砖"，是上釉的薄片状精陶建筑装饰材料，主要用于建筑物内装饰、铺贴台面等。白色釉面砖，色纯白，釉面光亮，清洁大方。釉面砖经多次冻融，易出现剥落掉皮现象，所以在严寒地区室外应慎用。

（一）品种及规格

釉面砖的品种及规格见表4-11。

表4-11　釉面砖的品种及规格

厚度（mm）	4、5、6
规格	正方形152 mm×152 mm、108 mm×108 mm、110 mm×110 mm 长方形152mm×75mm
表面颜色	白、红、绿、蓝、橙、黄、棕、黑等
参考价格（元/块）	白方（152 mm×152 mm）　0.25～0.27 白长方（152 mm×75 mm）　0.14～0.16 色方（152 mm×152 mm）　0.35～0.37
参考价格（元/m²）	彩色浮雕面　7.00～8.00 钻孔板　5.00～6.00 纤维石膏装饰板　5.50～6.60 增强石膏板　4.80～5.80

（二）用量计算

例4-7　釉面砖的规格为152 mm×152 mm，缝宽为1 mm，损耗率为1%，求100 m² 釉面砖的用量。

解　$$100 \text{ m}^2 \text{ 用量} = \frac{100(1+0.01)}{(0.152+0.001)\times(0.152+0.001)}$$
$$= 4315 \text{ 块}$$

说明：根据《装饰工程施工及验收规范》的规定，饰面砖的接缝宽度，应符合设计要求，室内镶贴釉面砖如无设计要求时，接缝宽度为0.6～1.5 mm。

五、天然大理石

天然大理石是一种富有装饰性的天然石材，品种繁多，有纯黑、纯白、纯灰等，色泽朴素自然。它是民用建筑厅、堂等理想的装饰材料。

（一）品种及规格

天然大理石的品种及规格见表4-12。

表4－12 天然大理石的品种及规格

幅宽（mm）	20	
规　格	300 mm×150 mm　　610 mm×610 mm 300 mm×300 mm　　900 mm×600 mm 305 mm×152 mm　　1067 mm×760 mm 306 mm×306 mm　　1070 mm×750 mm 400 mm×200 mm　　1220 mm×915 mm 400 mm×400 mm　　1200 mm×600 mm 600 mm×300 mm　　1200 mm×900 mm 610 mm×305 mm	
表面颜色	汉白玉、艾叶青、墨玉、晚霞、螺丝转、芝麻花、雪花、奶油、秋香、桔香、咖啡、丹东绿、铁岭红、雪浪、粉荷、云花等	

（二）用量计算

$$100 \text{ m}^2 \text{ 用量} = 100 \times \frac{1 + 损耗率}{(块长 + 灰缝) \times (块宽 + 灰缝)}$$

例4－8 大理石的规格为300 mm×300 mm，其拼缝宽为5 mm，损耗率为1%，试求100 m² 需用的块数。

解 $100 \text{ m}^2 \text{ 用量} = 100 \times \dfrac{1 + 0.01}{(0.30 + 0.005) \times (0.30 + 0.005)}$

$\qquad\qquad\quad = 1086$ 块

第三节　壁纸、油漆用量的计算

一、壁纸用量的计算

壁纸是目前国内外使用最广泛的墙面装饰材料之一。它的品种很多，按其基物分为纸、布、塑料、玻璃纤维布等。它的花饰图案及色泽丰富，有印花、压花、发泡等。按质地有聚氯乙烯、玻璃纤维、化纤织品及复合材料等，可上涂料液，用印花色浆印制出各种花纹而成。

壁纸的品种及规格见表4－13。

表4－13 壁纸的品种及规格

幅宽（mm）	1000、1200、1050、530、960、860
卷长（mm）	50、100
表面颜色	有多种图案，有发泡、非发泡，颜色浅蓝、浅绿、浅黄、橘黄、金、银色等
参考价格（元/m²）	塑料面（中档）　　1.50～2.5 仿锦缎（高档）　　8.00～12.00 复合（高档）　　7.50～15.00

说明：仿锦缎及大单元对花墙布，其用量乘系数1.2。

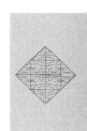

二、油漆、涂料用量计算

1. 油漆、涂料成膜物质分类见表4－14。

表4－14　油漆、涂料成膜物质分类

序　号	代　号	名　称
1	Y	油脂
2	T	天然树脂
3	F	酚醛树脂
4	L	沥青
5	C	醇酸树脂
6	A	氨基树脂
7	Q	硝基纤维
8	M	纤维酯及醚类
9	G	过氯乙烯树脂
10	X	乙烯树脂
11	B	丙烯酸树脂
12	Z	聚酯树脂
13	H	环氧树脂
14	S	聚氨酯
15	W	元素有机聚合物
16	J	橡胶
17	E	其他
18		辅助材料

（一）品种及用途

油漆涂料品种甚多，我国生产并用于建筑工程中的有上百种之多（表4－15）。

表4－15　建筑常用油漆

产品名称	特性及用途	出厂价格（元/kg）
清油	用于调制厚漆和红丹防锈漆，也可单独用于物体表面涂覆，可做防水、防腐蚀和防锈用	0.60～0.63
聚合清油	用于调配厚漆，粘度大，不适于调制红丹，亦称经济清油	0.60

续表 4－15

产品名称	特性及用途	出厂价格（元/kg）
各色厚漆	用于要求不高的建筑物或水管接头处涂覆，也可做木质物件打底之用	红、紫红　0.41 黄绿　0.40 蓝、白、灰　0.40
各色调和漆	主要用于室内金属、木质物件及建筑表面的涂覆和保护装饰	0.70 ～ 0.90
油性防锈漆	用于涂刷大型钢结构表面，做防锈打底之用	红丹 0.69
脂胶清漆	用于木制家具、门窗、壁板及金属制品表面的罩光	0.62
各色酚醛磁漆	用于室内外一般金属、木质物体及建筑物表面的涂覆，做保护和装饰之用	0.84
酚醛清漆	用于木器家具的涂饰，可显出木器的色和花纹	0.60
各色酚醛磁漆	主要用于建筑工程室内木材和金属表面的涂覆	0.60 ～ 0.90
各色酚醛无光磁漆	用于要求无光的钢铁、木材表面，适于喷涂，不可洗涤	0.70，0.85
各色醇酸半光磁漆	用于涂覆半光的钢铁、木材表面，附着力好	0.70，0.85
酚醛地板漆	供室内地板涂刷，坚硬耐磨，亦称棕色地板漆	0.60
沥青清漆	用于各种金属制品	0.55 ～ 0.75
醇酸清漆	用于室内外金属表面的涂覆，并用作醇酸瓷漆罩光，耐水性差	0.65
各色醇酸瓷漆	用于金属、木材表面的涂覆，要配套使用醇酸底漆	0. 83 ～ 1. 10
各色醇酸无光瓷漆	用于金属表面或车船的表面，耐水性较好	0.86 ～ 1.00
各色醇酸半光瓷漆	用于金属及木材表面涂覆，不宜于湿热带	0.82 ～ 0.96
各色醇酸调和漆	用于木质及金属表面涂覆，也适合户外使用	0.63 ～ 0.85
氨基清漆	涂于已涂有色漆的表面，上罩光用，耐湿性好，以喷涂为主	0.90
硝基清漆	用于木器和金属表面的涂饰，也用于罩光，干燥快，有光泽，耐久	0.97
硝基木器漆	用于高级木器家具，不宜用于室外的物件	0.95
过氯乙烯清漆	用于室内外各种金属、木质等表面涂饰及罩光	0.74
各色过氯乙烯瓷漆	喷涂于金属或木质物件上	0.94 ～ 1.05
各色过氯乙烯半光瓷漆	用于金属或木质物件表面的涂覆，反光性不大	

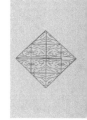

续表 4－15

产品名称	特性及用途	出厂价格（元/kg）
过氯乙烯木器清漆	用于木器家具，漆膜耐久、耐水，保光性强	
磷化底漆（分装）	用于镀锌铁皮及各种金属结构表面。磷化液用量不能随意增加	1.10
丙烯酸清漆	用于经阳极化处理后的铝合金表面涂覆，起保护作用	1.60
铁红环氧酯地板漆	供室内地板涂刷之用，坚硬耐磨	
聚氨酯清漆	主要用于防腐建筑、各种金属防腐保护和木器家具表面罩光	1.60
合成聚氨酯清漆	适用于各种木质、金属设备作为装饰保护涂层，光亮丰满	
合成聚氨酯木器漆	适用于木器罩光涂层，光亮，硬性高	
聚氨酯半光瓷漆	应用于设备、金属制品表面涂刷。耐酸、耐碱、耐各种油类、耐水、耐潮等	

（二）用量计算

以各色厚漆用量计算为例，根据《遮盖力试验》规定，其遮盖力计算公式：

$$X = \frac{G(W_1 - W_2)}{A \times 10^3}$$

式中　X——遮盖力，g/m^2；

A——黑白格板的涂漆面积，m^2；

W_1——涂刷前盛涂料杯子和涂料的总质量，kg；

W_2——黑白格板完全遮盖时杯子和涂料的质量，kg。

说明：

厚漆与清油是以 3：1 的比例调匀后进行试验的。各类油漆遮盖力见表 4－16。

计算油漆用料，首先需计算涂盖面积，再从表 4－16 查得合适的油漆用料（取该种油漆可达到的最大遮盖力）。漆刷面积乘以遮盖力再除以 1000，即得这种油漆刷一遍的用量（kg）。

例 4－9　漆刷油漆面积为 150 m^2，用蓝色调和漆，遮盖力为 100 g/m^2，试计算涂刷一遍需要多少蓝色调和漆。

解　蓝色调和漆用量 = 150 × 100/1000 = 15 kg

以 100% 固体含量计，每 1 kg 涂料所涂面积与厚度的关系见表 4－17。

表 4 - 16　各类油漆遮盖力

产品及颜色	遮盖力（g/m²）	产品及颜色	遮盖力（g/m²）
（1）各色各类调和漆		红、黄色	≤140
黑色	≤40	（5）各色硝基外用瓷漆	
铁红色	≤60	黑色	≤20
绿色	≤80	铝色	≤30
蓝色	≤100	深复色	≤40
红、黄色	≤180	浅复色	≤50
白色	≤200	正蓝、白色	≤60
（2）各色酯胶瓷漆		黄色	≤70
黑色	≤40	红色	≤80
铁红色	≤60	紫红、深蓝色	≤100
蓝、绿色	≤80	柠檬黄色	≤120
红、黄色	≤160	（6）各色过氯乙烯外用瓷漆	
灰色	≤100	黑色	≤20
（3）各色酚醛瓷漆		深复色	≤40
黑色	≤40	浅复色	≤50
铁红、草绿色	≤60	正蓝、白色	≤60
绿灰色	≤70	红色	≤80
蓝色	≤80	黄色	≤90
浅灰色	≤100	深蓝、紫红色	≤100
红、黄色	≤100	柠檬、黄色	≤120
乳白色	≤140	（7）聚氨酯瓷漆	
地板漆（棕、红）	≤50	红色	≤140
（4）各色醇酸瓷漆		白色	≤140
黑色	≤40	黄色	≤150
灰、绿色	≤55	黑色	≤40
蓝色	≤80	蓝灰绿色	≤80
白色	≤110	军黄、军绿色	≤110

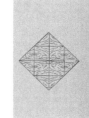

表 4－17　涂层厚度与涂刷面积的关系

涂层厚度（μm）	100	50.0	33.3	25.0	20.0	16.7	14.3	12.5	11.1	10.0
涂层面积（m²）	10	20	30	40	50	60	70	80	90	100

涂层厚度可用以下公式求出：

$$涂层厚度（μm）= \frac{所耗漆量（kg）× 固体含量（\%）}{固体含量比重（\%）× 涂刷面积（m^2）}$$

或将涂料固体含量（不挥发部分）所占容积的百分数与涂料涂刷面积的厚度相乘，其乘积即为涂层厚度。

例如，涂刷面积为 40 m²，固体含量所占容积为 52%，从表 4－17 查出其涂层厚度为 25 μm，即有

$$52\% × 25 = 13 μm$$

故涂层厚度为 13 μm。

常见油漆单位面积用量见表 4－18。普通木门窗与金属材料油漆饰面用量见表 4－19。常见腻子用量见表 4－20。

表 4－18　常见油漆料单位面积用量

漆　种	用　途	材料项目	用量（kg/m²）	
			普通油漆处理	精细油漆饰面
酚醛清漆	普通木饰面	酚醛清漆 松节油	0.12 0.02	
硝基清漆（蜡克）	木顶棚、木墙裙、木造型、木线条及木家具的饰面	虫胶片 工业酒精 硝基清漆 天那水或香蕉水	0.023 0.14 0.15 0.8	0.03 0.2 0.22 1.4
聚氨酯清漆	木顶棚、木墙裙、木造型、木线条及木家具的饰面	虫胶片 酒精 聚氨酯清漆	0.023 0.14 0.15	0.03 0.25 0.15
硝基漆（手扫漆）	木造型、木线条、钢木家具	硝基磁漆 天那水	0.11 1.2	0.15 1.8
硝基磁漆	木造型、木线条、钢木家具	硝基磁漆 天那水或香蕉水	0.11 1.1	0.15 1.6
酚醛磁漆	普通木饰面	酚醛磁漆 松节油	0.14 0.05	

表4－19　普通木门窗与金属材料油漆饰面用量

饰面项目	材料用量（kg/m²）						
	深色调和漆	浅色调和漆	防锈漆	深色原漆	浅色原漆	熟桐油	松节油
深色普通门	0.15			0.12		0.08	
深色普通门	0.21			0.16			0.05
深色木板壁	0.07			0.07			0.04
浅色普通门		0.175			0.25		0.05
浅色普通门		0.24			0.33		0.08
浅色木板壁		0.08			0.12		0.04
旧门重油漆	0.21						0.04
旧窗重油漆	0.15						0.04
新钢门窗油漆	0.12		0.05				0.04
旧钢门窗油漆	0.14		0.1				
一般铁窗栅油漆	0.06		0.1				

表4－20　常见腻子用量

腻子种类	用途	材料项目	用量
石膏油腻子	墙面、柱面、地面、普通家具的不透木纹嵌底	石膏粉 熟桐油 松节油	0.22 0.06 0.02
血料腻子	中、高档家具的不透木纹嵌底	熟猪血 老粉（富粉）	0.11 0.23
石膏清漆腻子	墙面、地面、家具面的露木纹嵌底	木胶粉 石膏粉	0.03 0.18
虫胶腻子	墙面、地面、家具面的露木纹嵌底	清漆 虫胶漆 老粉	0.08 0.11 0.15
硝基腻子	常用于木器透明涂饰的局部填嵌	硝基清漆 老粉	0.08 0.16

第五章　工程造价的编制

　　按照我国现行的工程造价计价的特点，工程造价计价有定额计价和工程量清单计价两种形式。前面章节介绍的定额计价是我国传统的计价方式，造价中各种费用的分类清晰，但计价的有关条条框框多，企业定价的自主性少，带有一定的国家计划性质；而工程量清单计价是现代招标投标中新的计价方式，也是国际上通用的工程造价计价方式。后者直接反映各单位工程、各分部分项工程的造价，使招标人、投标人在工程造价的沟通上更清晰、更简单。

　　当然，现行最新的定额计价方式和我国传统的定额计价相比，已有了大量的改进，主要是结合现代工程量清单计价的特点，把定额计价中定额基价包括的内容、其他各项费用计算的方式规定得更科学。

第一节　工程造价的编制——定额计价法

一、定额计价法的编制方法

（一）单位估价法

　　单位估价法程序如图 5-1 所示，即根据各分部分项工程的工程量、预算定额基价或地区单位估价表，计算工程定额直接费，并由此计算其他直接费、间接费、利润和税金，最后汇总得出整个工程预算造价。这种方法会不可避免地涉及材料价差的问题，应根据当地费用定额中有关规定进行价差调整及造价计算。

（二）实物造价法

　　随着新材料、新工艺、新构件和新设备不断投入市场，有些项目在现行定额中没有包括在内，编制临时定额时间上又不允许时，通常采用实物造价法编制预算。其程序如图 5-2 所示。

　　实物造价法是根据实际施工中所用人工、材料和机械等数量，按照现行的劳动定额、地区工人日工资标准、材料预算价格和机械台班价格等计算方法计算人工费、材料费和机械费，汇总后在此基础上计算其他直接费用、间接费用、利润和税金等，最后汇总成工程预算造价。

　　实物造价法计算各项费用的原理，在现代工程量清单计价方法中运用非常广，但在费用的计价方式上和单位估价法不同。

二、定额计价法的编制步骤

（一）收集资料、摸清情况

　　收集编制预算所需资料，即"编制依据"的内容，同时了解甲方的意图和要求，

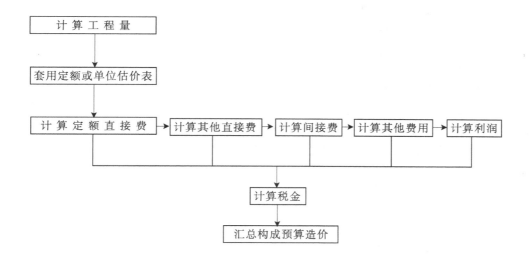

图 5－1　单位估价法计算程序

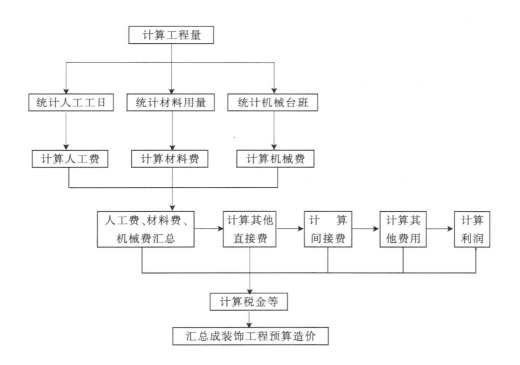

图 5－2　实物造价法计算程序

熟悉场地情况，以便确定计算二次搬运费和夜间施工增加费等。

（二）熟悉图纸，掌握设计意图

编制预算前，应充分、全面地熟悉、审核施工图纸，了解设计意图，掌握工程全貌，这是准确、迅速、正确地编制预算的关键。

（三）熟悉施工组织设计

施工组织设计是施工单位根据施工图纸、组织施工的基本原则和上级主管部门的有关规定等而编制的，用以指导拟建工程施工全过程中各项活动的技术、经济和组织的综合性文件，规定了组成拟建工程各分项工程的施工方法、施工进度和技术组织措施等。因此，应遵循施工组织设计，准确计算工程量、套取相应定额项目，使预算能反映客观实际。

（四）熟悉预算定额和单位估价表

熟悉了解预算定额和单位估价表的内容、形式和使用方法，特别是预算定额的总说明、章说明，了解工程量计算规则、各分项工程项目及各子项目等。

（五）确定工程计算项目

列出全部所需编制的预算工程项目，并根据预算定额或单位估价表，将设计中有而定额中没有的项目单独列出来，以便编制补充定额或采用实物造价法进行计算。

（六）计算工程量

工程量是以规定的计量单位（自然计量单位或法定计量单位）所表示的各分项工程或结构构件的数量，是编制预算的原始数据。注意将所算工程量的计算单位化为定额规定的计量单位，以便准确套用定额。

（七）工程量汇总

各分项工程量计算完毕并复核无误后，按预算定额手册或单位估价表的内容和计量单位的要求，按分部分项工程的顺序逐项汇总、整理，为套用预算定额和单位估价表提供方便。

（八）计算直接费用

套用预算定额或单位估价表，计算直接费。

（九）材料价差、人工工资价差、机械费价差的调整

在市场经济条件下，建筑装饰材料、人工工资、机械使用费的价格随着市场的变化而波动。特别是建筑装饰材料，有时其价位差还相当大。因此，各地均实行材料价格动态管理的方式以加强对工程造价的管理，当定额规定的材料参考价与实际采购价不同时，允许按实际采购价进行调整（并加一定比例的采购保管费）。材料价差的调整方法前面章节已介绍，有单项调整法和综合调整法。而人工工资、机械使用费相对于材料价格的变化较为稳定，并且装饰工程施工中较少使用大型机械，因此，涉及人工工资、机械使用费价差的调整时一般采用综合调整法。

（十）计算各项费用

求出定额直接费后，按有关的费用定额计算其他直接费、间接费、利润和税金，并编制费用计算表。

（十一）比较分析

至此，装饰工程总造价即已形成，此时须与设计总概算中装饰工程概算进行比较，

如果没有突破概算，进行下一步；否则，要查找原因，保证预算造价限制在装饰工程概算投资额内。

（十二）工料分析

工料分析就是把工程所需要的人工和各种材料逐一计算出来，并加以分析的过程。

（十三）编制装饰工程预算书

1．填写工程预算封面

封面样式和内容如表5-1所示。

2．编制说明（表5-2）。

表5-1 工程预算书封面样式

××省建设工程造价预（结）算书		
建设单位：	单位工程名称：	建设地点：
施工单位：	施工单位取费等级：	工程类别：
工程规模：	工程造价：	单位造价：
建设（监理）单位：	施工（编制）单位：	
技术负责人：	技术负责人：	
审核人：	编制人：	
资格证章：	资格证章：	
年 月 日	年 月 日	

表5-2 编制说明

编制依据	施工图号	
	合 同	
	使用定额	
	材料价格	
	其 他	

说明：①使用定额与材料价格栏中均注明使用的定额、费用标准以及材料价格来源（如调价表、造价信息等）；

②说明栏注明施工组织设计、大型施工机械以及技术措施费等。

编制说明内容有以下几个方面：

（1）采用的图纸名称或编号；

（2）依据的定额名称；

（3）依据的取费标准或文号；

（4）与定额表中材料单价不同的材料价格来源文件；

（5）因无依据可查而未列入预算内的项目名称或材料名称，并说明另行处理的意见；

（6）临时变更或增减项目而未列入预算内的项目名称，并说明待竣工后另行调整；

（7）对无依据可查，需经过双方协商的项目，说明协商经办人及其意见。

3．费用计算程序表

该表是装饰工程预算造价计算的汇总表，其计算程序、取费标准由各地区工程造价管理部门统一规定。如表5-3为2003年7月广东地区装饰定额预算其他费用计算表。

表5-3　装饰工程费用计算表

序号	费用名称	计算公式	金额
1	分部分项工程费	1.1 + 1.2	
1.1	定额分部分项工程费	$\sum$（工程量×子目基价）	
1.2	价差	$\sum$［数量×（编制价 - 定额价）］	
2	利润	人工费×（20%～35%）	
3	措施项目费	按规定计算（包括价差和利润）	
4	其他项目费	按有关规定计算	
5	规费	(1 + 2 + 3 + 4)×费率	
6	不含税工程造价	1 + 2 + 3 + 4 + 5	
7	税金	按税务部门规定计算	
8	含税工程造价	6 + 7	

4．编制工程预算书

将装饰工程预算书封面、编制说明、工程费用计算表、工程预算表格、工程量计算表共5项按顺序装订成册，即为完整的装饰工程预算书。至此，预算编制工作结束，送有关部门审核。

三、单位工程造价定额计价法编制示例

以某办公室装饰工程为例编制工程预算书，预算书包括五项：①工程预算书封面；②编制说明；③工程费用计算表；④工程预算（工程直接费用计算）表格；⑤工程量计算表。

为了简化，这里省略设计图及工程量的计算等过程，只介绍各装饰部位的总工程量和其他一般的装饰要求。另外列表介绍工程费用计算表、工程预算表（工程直接费用计算）的编制格式，依据当地地区预算定额基价计算工程定额直接费，并由此计算其他直接费、间接费、利润和税金，最后汇总得出整个工程预算造价。

1．工程概况

本办公室装饰工程位于某大厦10楼，建筑面积679 m²，其中使用面积557 m²，材料垂直

运输为机械运输。本工程只对地面、隔墙、办公屏风、天花吊顶、门等进行装饰施工。

2．各装饰部位装饰要求和工程量情况

（1）地面部分

①大堂及走廊：铺 800 mm×800 mm 抛光砖，面积 207 m²。

②公共办公区、单间办公室：铺化纤地毯，面积 313 m²。

③卫生间：铺 400 mm×400 mm 防滑地砖，面积 36 m²。

（2）墙面部分

①轻钢龙骨双面石膏板间墙：面积 65 m²。

②木骨架 10 mm 钢化落地玻璃：面积 58 m²。

③铝合金办公屏风隔断：面积 133 m²。

④卫生间防火板隔断：面积 47 m²。

（3）天花吊顶部分

①大堂及部分走廊天花：U 形龙骨，9 mm 纸面石膏板，面积 64 m²。

②公共办公区、单间办公室：T 形龙骨，600 mm×600 mm 装饰石膏板，面积 457 m²。

③卫生间部分：U 形龙骨，600 mm×600 mm 铝合金板，面积 36 m²。

（4）门窗部分

①胶合板平板门，樱桃木饰面：包框规格 900 mm×2000 mm，共 10 套。

②胶合板窗帘盒：60 m。

3．工程预算造价的编制

工程预算造价的编制详见表 5－4 ～表 5－9，本预算编制参考《广东省装饰装修工程综合定额（2006 年版）》及国家定额计价标准，运用深圳清华斯维尔计价软件编制而成，表中的人工费、材料费、机械费参照广州市 2009 年第二季度的信息价。

（1）封面（表 5－4）

表 5－4

×× 办公室装修工程（装饰部分）

施工图预（结）算

编号：

建设单位（发包人）：_____

施工单位（承包人）：_____

编制（审核）工程造价：__226 409.16（元）__

编制（审核）造价指标：_____

编制（审核）单位：_____（单位盖章）

造价工程师及证号：_____（签字盖执业专用章）

负　　责　　人：_____（签字）

编　制　时　间：_____

（2）单位工程总价表（表 5－5）

表 5－5　单位工程总价表（预算）

工程名称：××办公室装修工程（装饰部分）

序号	名　称	计算办法	金额（元）
1	分部分项工程项目费	1.1＋1.2＋1.3	195 793.69
1.1	定额分部分项工程费	∑（工程量×子目基价）	169 102.52
1.1.1	人工费		17 378.93
1.1.2	材料费		148 914.00
1.1.3	机械费		197.84
1.1.4	管理费		2 611.75
1.2	价差	∑［数量×（编制价－定额价）］	14 091.46
1.2.1	人工价差		18 620.25
1.2.2	材料价差		－4 550.30
1.2.3	机械价差		21.51
1.3	利润	人工费×利润率35%	12 599.71
2	措施项目费	2.1＋2.2	13 341.09
2.1	安全防护、文明施工措施费	按有关规定计算（包括价差、利润）	4 894.84
2.2	其他措施项目费	按有关规定计算（包括价差、利润）	8 446.25
3	其他项目费	按规定计算	
4	规费	（1＋2＋3）×4.69%	9 808.42
5	不含税工程造价	1＋2＋3＋4＋独立费	218 943.20
6	税金	按税务部门规定计算 5×3.41%	7 465.96
7	含税工程造价	5＋6	226 409.16
	含税工程造价 贰拾贰万陆仟肆佰零玖圆壹角陆分		226 409.16

（3）定额分部分项工程费汇总表（表 5－6）

（4）措施项目费汇总表（表 5－7）

表 5－6　分项工程项目费汇总表（详表）（预算）

工程名称：××办公室装修工程（装饰部分）

序号	定额编号	名称及说明	单位	工程量	基价（元）	合价（元）	其中			
							人工费	材料费	机械费	管理费
		地面工程				59 922.15	5 449.40	53 567.08	23.41	882.26
1	B1－81	陶瓷块料 楼地面（每块周长 3 200 mm 以外） 水泥砂浆	100 m²	2.05	19 080.73	39 115.50	1 941.27	36 840.78	17.65	315.80
2	B1－84	陶瓷块料 踢脚线 水泥砂浆	100 m²	0.26	4 607.88	1 198.05	391.01	740.92	2.66	63.46
3	B1－38	大理石 楼地面拼花 干粉型粘结剂	100 m²	0.04	20 964.99	838.60	30.59	803.08		4.93
4	B1－143	楼地面 固定 带垫地毯	100 m²	3.13	5 174.70	16 196.81	2 850.05	12 887.31		459.45
5	B1－78	陶瓷块料 楼地面（每块周长 2 100 mm 以内） 水泥砂浆	100 m²	0.36	7 147.74	2 573.19	236.48	2 294.99	3.10	38.62
		墙柱面工程				45 609.46	3 008.29	42 039.96	65.66	495.55
6	B2－249	轻钢龙骨石膏板 隔墙（包龙骨）双面	100 m²	0.65	5 616.01	3 650.40	528.89	3 036.25		85.26
7	B2－252	全玻璃隔断	100 m²	0.58	20 435.45	11 852.56	517.41	11 226.83	21.45	86.87
8	B2－254	铝合金玻璃固定隔断	100 m²	1.33	15 839.76	21 066.88	1 256.48	19 607.84		202.56

序号	定额编号	名称及说明	单位	工程量	基价（元）	合价（元）	其中			
							人工费	材料费	机械费	管理费
9	B2－264	浴室隔断（包龙骨、基层）面贴防火板	100 m²	0.47	19 233.24	9 039.62	705.51	8 169.04	44.21	120.86
		吊顶工程				37 346.31	3 001.58	33 919.54	12.27	412.92
10	B3－52	装配式T形铝合金天棚龙骨（不上人型）面层规格（600 mm×600 mm）平面	100 m²	4.57	2 087.06	9 537.86	1 612.30	7 704.65		220.91
11	B3－106	平面、跌级天棚面层石膏板安在T形铝合金龙骨上	100 m²	4.57	4 061.96	18 563.16	575.82	17 908.46		78.88
12	B3－32	装配式U形轻钢天棚龙骨（不上人型）面层规格（450 mm×450 mm）平面	100 m²	0.64	2 229.45	1 426.85	338.69	1 032.83	7.85	47.48
13	B3－105	平面、跌级天棚面层石膏板安在U形轻钢龙骨上	100 m²	0.64	4 262.92	2 728.28	193.54	2 508.22		26.52
14	B3－34	装配式U形轻钢天棚龙骨（不上人型）面层规格（600 mm×600 mm）平面	100 m²	0.36	1 906.23	686.24	172.37	485.23	4.42	24.22

续表 5－6

序号	定额编号	名称及说明	单位	工程量	基价（元）	合价（元）	其中			
							人工费	材料费	机械费	管理费
15	B3－132	平面、跌级天棚面层 方形铝扣板 600 mm×600 mm	100 m²	0.36	12 233.13	4 403.92	108.86	4 280.15		14.91
		门窗工程				10 680.84	779.84	9 687.70	96.50	116.80
16	B4－17	杉木无纱胶合板门制作 无亮 单扇	100 m²	0.18	15 572.50	2 803.05	163.40	2 511.98	93.44	34.23
17	B4－51	无纱镶板门、胶合板门安装 无亮 单扇	100 m²	0.18	1 780.58	320.50	121.51	182.40	0.35	16.24
18	B4－155	门面贴饰面板 不拼花	100 m²	0.50	5 629.65	2 814.83	235.20	2 548.28		31.35
19	B4－165	门窗套、筒子板 不带木龙骨	100 m²	0.12	13 829.11	1 659.50	80.14	1 568.68		10.68
20	B4－180	窗帘盒 胶合板 单轨	100 m	0.60	5 138.27	3 082.96	179.59	2 876.36	2.71	24.30
		油漆涂料工程				15 543.76	5 139.82	9 699.72		704.22
21	B8－10	聚氨酯漆三遍 单层木门	100 m²	0.50	2 477.07	1 238.54	446.32	731.06		61.16
22	B8－134	刮双飞粉腻子二遍 墙柱面	100 m²	7.50	325.76	2 443.21	1 167.60	1 115.63		159.98
23	B8－140	乳胶漆底油二遍 面油二遍 抹灰面 墙柱面	100 m²	7.50	1 581.60	11 862.01	3 525.90	7 853.03		483.08
		合　计				169 102.52	17 378.93	148 914.00	197.84	2 611.75

表5－7　措施项目费汇总表

工程名称：××办公室装修工程（装饰部分）

编号	名称及说明	单位	计算基础	费率（%）	合价（元）
1	安全防护、文明施工措施费部分	元			4 894.84
1.1	按子目计算的安全防护、文明施工措施项目	元			
1.1.1	综合脚手架（含安全网）	元			
1.1.2	脚手架安全挡板和独立挡板	元			
1.1.3	围尼龙编织布	元			
1.1.4	现场围挡	元			
1.1.5	现场仅设置卷扬机架	元			
1.2	按系数计算的安全防护、文明施工措施项目	宗	分部分项工程费×	2.50	4 894.84
2	其他措施费部分	元			8 446.25
2.1	工程保险费	宗	分部分项工程费×	0.04	78.32
2.2	工程保修费	宗	分部分项工程费×	0.10	195.79
2.3	赶工措施费	宗	分部分项工程费×		
2.4	预算包干费	宗	分部分项工程费×	2.00	3 915.87
2.5	夜间施工	元	夜间施工		
2.6	材料二次运输费	元	材料二次运输费		
2.7	大型机械设备进出场及安拆	元	大型机械设备进出场及安拆		
2.8	混凝土、钢筋混凝土模板及支架	元	混凝土、钢筋混凝土模板及支架		
2.9	脚手架使用费	元	脚手架使用费		
2.10	成品保护工程费	元	成品保护工程费		
2.11	施工排水、降水	元	施工排水、降水		
2.12	垂直运输机械费	元	垂直运输机械费		3 462.15
2.13	室内空气污染测试	元	室内空气污染测试		

续表5-7

编号	名称及说明	单位	计算基础	费率（%）	合价（元）
2.14	建筑垃圾外运费	元	建筑垃圾外运费		794.12
1	安全防护、文明施工措施费部分				
1.1	按子目计算的安全防护、文明施工措施项目				
1.1.1	综合脚手架（含安全网）				
1.1.2	脚手架安全挡板和独立挡板				
1.1.3	围尼龙编织布				
	合　　计				13 341.09

（5）措施项目清单计价表（表5-8）

表5-8　措施项目清单计价表

工程名称：××办公室装修工程（装饰部分）

序号	项目名称	单位	数量	单价（元）	合价（元）
	垂直运输机械费	元	3 462.15		3 462.15
1	多层建筑物 垂直运输高度20 m以上40 m以内	100工日	6.12	565.71	3 462.15
	建筑垃圾外运费	元	794.12		794.12
2	人工装自卸汽车运3 km内（实际运距：15 km）	10 m³	1.50	529.41	794.12
	合计（大写）：肆仟贰佰伍拾陆圆贰角柒分				4 256.27

（6）人工材料机械价差表（表5-9）

表5-9　人工材料机械价差表（预算）

工程名称：××办公室装修工程（装饰部分）

序号	编码	名称、规格、产地、厂家	单位	数量	定额价（元）	编制价（元）	价差（元）	合价（元）
1	00000001	一类工	工日	620.68	28.00	58.00	30.00	18 620.25
2	01001001	圆钢φ10以内	t	0.17	3 150.36	4 086.25	935.89	162.84
3	02008007	铝合金型材155系列	kg	548.11	29.18	21.44	-7.74	-4 242.34

序号	编码	名称、规格、产地、厂家	单位	数量	定额价（元）	编制价（元）	价差（元）	合价（元）
4	03002017	杉木枋材	m³	0.61	2 202.43	1 740.22	－462.21	－282.41
5	03009001	杉木门窗套料	m³	0.65	2 036.15	1 594.33	－441.82	－286.30
6	04002001	白水泥 P. O32.5（R）	t	0.03	559.03	602.67	43.64	1.22
7	05050001	石灰	t	0.03	136.64	204.00	67.36	2.09
8	07001002	平板玻璃 δ5	m²	149.08	17.35	33.41	16.06	2 394.22
9	07016004	钢化玻璃 δ12	m²	58.58	172.10	132.25	－39.85	－2 334.41
10	18006001	低碳钢电焊条	kg	1.84	4.53	4.59	0.06	0.11
11	18012001	电焊条	kg	1.28	4.53	4.90	0.37	0.47
12	38010001	松杂木枋板材（周转材、综合）	m³	0.10	1 142.32	1 322.22	179.90	17.99
13	39001170	水	m³	9.01	1.54	3.34	1.80	16.22
14	99906012	灰浆搅拌机拌筒容量［200］（L）	台班	0.46	46.07	78.02	31.95	14.76
15	99907072	木工裁口机宽度多面［400］（mm）	台班	0.21	43.83	43.65	－0.18	－0.04
16	99907073	木工打眼机 MK212	台班	0.59	11.10	11.08	－0.02	－0.01
17	99907075	木工开榫机榫头长度［160］（mm）	台班	0.54	56.91	56.78	－0.13	－0.07
18	99907078	木工平刨床刨削宽度［500］（mm）	台班	0.42	26.94	26.88	－0.06	－0.03
19	99907081	木工压刨床刨削宽度单面［600］（mm）	台班	0.98	39.20	39.05	－0.15	－0.15
20	99907083	木工压刨床刨削宽度三面［400］（mm）	台班	0.40	83.54	83.28	－0.26	－0.10
21	99907085	木工圆锯机直径［500］（mm）	台班	0.38	28.91	28.79	－0.12	－0.05
22	99909003	交流电焊机容量［30］（kVA）	台班	0.23	122.67	154.24	31.57	7.20
合计（大写）：壹万肆仟零玖拾壹圆肆角陆分								14 091.46

在以上的预算编制实例中没有水电安装工程，原因是水电安装在工程的专业分类上属于安装工程专业，我国现行标准规定不同专业的工程应分开编制，安装工程除了有本专业的施工规范、工程量计算规范外，定额预算的编制格式及过程要求和装饰专业是一样的，本节省略电气安装定额预算实例，可以参考下节工程量清单的电气安装报价实例。

第二节　工程造价的编制——工程量清单计价法

一、工程量清单计价的基本程序和方法

1．工程量清单计价程序

工程量清单计价的基本过程是：在统一的工程量计量规则的基础上，制定工程量清单项目设置规则，再根据工程施工图纸计算各个清单项目的工程量，结合工程的造价信息和经验数据，计算工程的造价。计算的基本过程如图 5－3 所示。

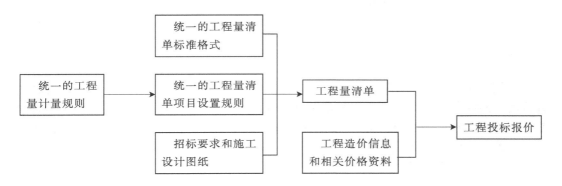

图 5－3　工程量清单计价基本过程示意图

2．工程量清单计价方法

工程量清单计价中关键是确定工程量的单价，再把各分部分项工程项目工程费、措施项目费、其他项目费、规费、税金等汇总为单位工程的总造价。确定工程量的单价有两种方法，一种是工料单价法，一种是综合单价法。目前我国工程量清单计价规范中，采用综合单价法。

工料单价法，或称定额单价法，是根据工程量清单、招标要求和施工设计图纸，按照现行预算定额的人工、材料、机械的消耗标准及相应的预算价格确定基本直接费。其他直接费、现场经费、管理费、利润、税金及其他相关费用按有关文件的规定，列表分别计算，最后把各项费用汇总为工程的总造价。

综合单价法，即工程量清单的单价综合了直接工程费（人工费、材料费、机械费）、间接费、有关文件的调价、材料价差、利润、税金、风险金等一切费用。工料单价法虽然在价格构成上比较清晰，但它不能反映工程的质量要求和投标企业的技术水平。而综合单价法能反映投标企业的技术、工程管理等方面的能力，而且在工程量发生

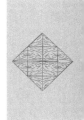

变更时，更便于双方对工程价格进行查对。

按照综合单价法的原理，建设工程项目总报价的顺序为：

（1）计算分部分项工程费

$$分部分项工程费 = \sum 分部分项工程量 \times 分部分项工程综合单价$$

其中分部分项工程综合单价由人工费、材料费、机械费、管理费、利润等组成，并考虑了风险费用。

（2）计算措施项目费

$$措施项目费 = \sum 措施项目工程量 \times 措施项目综合单价$$

其中措施项目综合单价的组成和分部分项工程单价的组成相同。

（3）计算单位工程报价

$$单位工程报价 = 分部分项工程费 + 措施项目费 + 其他项目费 + 规费 + 税金$$

（4）计算单项工程报价

$$单项工程报价 = \sum 单位工程报价$$

（5）计算建设项目总报价

$$建设项目总报价 = \sum 单项工程报价$$

二、单位工程造价工程量清单计价编制示例

本例运用本章第一节所举实例中的工程量数据，编制单位工程造价。本工程量清单计价的编制参考《建设工程工程量清单计价规范（2003）》，单价参照《广东省装饰装修工程综合定额（2006）》标准，运用深圳清华斯维尔计价软件编制而成，表中的人工费、材料费、机械费参照广州市2009年第二季度的信息价。实例包括装饰工程部分和电气安装部分的造价编制。

（一）装饰工程部分

1. 封面（表 5－10）

表 5－10

<table>
<tr><td>
××办公室装修工程（装饰部分）

工程量清单报价表

投　标　人：＿＿＿＿＿＿＿＿（单位签字盖章）

法定代表人：＿＿＿＿＿＿＿＿（签字盖章）

造价工程师
及注册证号：＿＿＿＿＿＿＿＿（签字盖执业专用章）

编　制　时　间：＿＿＿＿＿＿＿
</td></tr>
</table>

2．投标总价表（表 5－11）

表 5－11

投　标　总　价

建　设　单　位：＿＿＿＿＿＿＿＿＿＿＿＿＿

工　程　名　称：　××办公室装修（装饰部分）

投标总价（小写）：　215 545.84（元）

（大写）：　贰拾壹万伍仟伍佰肆拾伍元捌角肆分

投　标　人：＿＿＿＿＿＿（单位签字盖章）

法 定 代 表 人：＿＿＿＿＿＿（签字盖章）

编　制　时　间：＿＿＿＿＿＿＿＿＿

3．单位工程费汇总表（表 5－12）

表 5－12　单位工程费汇总表

工程名称：××办公室装修（装饰部分）

序号	项 目 名 称	金额（元）
1	分部分项合计	184 322.95
2	措施合计	14 340.89
2.1	安全防护、文明施工措施项目费	6 108.07
2.2	其他措施费	8 232.82
3	其他项目	
4	规费	9 774.26
5	不含税工程造价	208 438.10
6	税金	7 107.74
7	总造价	215 545.84
8	扣除安全防护、文明施工措施费用造价	209 437.77
	合　　　计	215 545.84

4．分部分项工程量清单计价表（表5－13）

表5－13 分部分项工程量清单计价表

工程名称：××办公室装修（装饰部分）

序号	项目编号	项 目 名 称	计量单位	工程数量	综合单价	合价
		分部工程				184322.95
1	020102002001	块料楼地面，抛光砖	m²	205.00	207.94	42627.70
2	020102002002	块料楼地面，防滑砖	m²	36.00	83.40	3002.40
3	020102001001	石材楼地面，拼花石材	m²	4.00	223.44	893.76
4	020104001001	楼地面地毯，化纤地毯	m²	313.00	68.10	21315.30
5	020105003001	块料踢脚线	m²	26.00	73.23	1903.98
6	020209001001	隔断，轻钢龙骨石膏板隔墙	m²	65.00	50.24	3265.60
7	020209001002	隔断，木骨架玻璃隔墙	m²	58.00	96.16	5577.28
8	020209001003	隔断，铝合金玻璃固定隔断	m²	133.00	161.47	21475.51
9	020209001004	隔断，浴室隔断	m²	47.00	213.29	10024.63
10	020302001001	天棚吊顶，T形铝合金石膏板	m²	457.00	70.39	32168.23
11	020302001002	天棚吊顶，U形轻钢天棚龙骨纸面石膏板	m²	64.00	80.16	5130.24
12	020302001003	天棚吊顶，U形轻钢天棚龙骨铝扣板	m²	36.00	153.48	5525.28
13	020401005001	夹板装饰门	樘	10	315.55	3155.50
14	020407001001	木门窗套	m²	12.00	176.62	2119.44
15	020408002001	饰面夹板、塑料窗帘盒	m	60.00	56.76	3405.60
16	020506001001	抹灰面油漆	m²	750.00	30.31	22732.50
		本页小计				184322.95
		合　计				184322.95

5．措施项目清单计价表（表 5－14）

表 5－14　措施项目清单计价表

工程名称：××办公室装修（装饰部分）

序号	项目名称	金额（元）
1	安全防护、文明施工措施项目费	6 108.07
1.1	按子目计算的安全防护、文明施工措施项目	
1.1.1	综合脚手架（含安全网）	
1.1.2	脚手架安全挡板和独立挡板	
1.1.3	围尼龙编织布	
1.1.4	现场围挡	
1.1.5	现场仅设置卷扬机架	
1.2	按系数计算的安全防护、文明施工措施项目	4 608.07
1.3	"平安卡"费用	1 500.00
	小　计	6 108.07
2	其他措施费	8 232.82
2.1	工程保险费	73.73
2.2	工程保修费	184.32
2.3	赶工措施费	
2.4	预算包干费	3 686.46
2.5	夜间施工	
2.6	材料二次运输费	
2.7	大型机械设备进出场及安拆	
2.8	混凝土、钢筋混凝土模板及支架	
2.9	脚手架使用费	
2.10	成品保护工程费	
2.11	施工排水、降水	
2.12	垂直运输机械费	3 462.15
B12－2	多层建筑物 垂直运输高度 20 m 以上 40 m 以内	3 462.15
2.13	室内空气污染测试	
2.14	建筑垃圾外运费	826.16
B14－1 换	人工装自卸汽车运 3 km 内（实际运距：15 km）	826.16
	小　计	8 232.82
	合　计	14 340.89

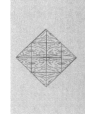

6. 规费计算表（表5－15）

表5－15　规费计算表

工程名称：××办公室装修（装饰部分）

序号	名　称	计算式	费率（%）	金额（元）
1	社会保险费	（分部分项合计＋措施合计＋其他项目）×3.31%	3.31	6575.77
2	住房公积金	（分部分项合计＋措施合计＋其他项目）×1.28%	1.28	2542.90
3	工程定额测定费	按财综【2008】78号文规定取消		
4	工程排污费	（分部分项合计＋措施合计＋其他项目）×0.33%	0.33	655.59
5	施工噪音排污费	（分部分项合计＋措施合计＋其他项目）×费率		
6	防洪工程维护费	（分部分项合计＋措施合计＋其他项目）×费率		
7	建筑意外伤害保险费	（分部分项合计＋措施合计＋其他项目）×费率		
合计：（大写）玖仟柒佰柒拾肆圆贰角陆分				9774.26

7. 分部分项工程量清单综合单价分析表（表5－16）

表5－16　分部分项工程量清单综合单价分析表

工程名称：××办公室装修（装饰部分）

序号	项目编码	项目名称	工程内容	综合单价分析					综合单价
				人工费	材料费	机械使用费	管理费	利润	
1	020102002001	块料楼地面，抛光砖	陶瓷块料楼地面（每块周长3200 mm以外）水泥砂浆	19.62	179.77	0.14	1.54	6.87	207.94
2	020102002002	块料楼地面，防滑砖	陶瓷块料楼地面（每块周长2100 mm以内）水泥砂浆	13.61	63.81	0.14	1.07	4.76	83.40

续表 5－16

序号	项目编码	项目名称	工程内容	综合单价分析					综合单价
				人工费	材料费	机械使用费	管理费	利润	
3	020102001001	石材楼地面，拼花石材	大理石楼地面拼花干粉型粘结剂	15.84	200.83		1.23	5.54	223.44
4	020104001001	楼地面地毯，化纤地毯	楼地面固定带垫	18.86	41.17		1.47	6.60	68.10
5	020105003001	块料，踢脚线	陶瓷块料踢脚线水泥砂浆	31.15	28.56	0.17	2.44	10.90	73.23
6	020209001001	隔断，轻钢龙骨石膏板隔墙	轻钢龙骨石膏板隔墙（包龙骨）单面	11.86	33.31		0.92	4.15	50.24
7	020209001002	隔断，木骨架玻璃隔墙	木骨架玻璃隔墙骨架间距 800×500 木枋截面 45×60 全玻	17.13	71.62	0.07	1.34	6.00	96.16
8	020209001003	隔断，铝合金玻璃固定隔断	铝合金玻璃固定隔断	19.57	133.53		1.52	6.85	161.47
9	020209001004	隔断，浴室隔断	浴室隔断（包龙骨、基层）面贴防火板	31.09	167.80	0.94	2.57	10.88	213.29

建筑装饰工程概预算与招投标

序号	项目编码	项目名称	工程内容	综合单价分析					综合单价
				人工费	材料费	机械使用费	管理费	利润	
10	020302001001	天棚吊顶，T形铝合金石膏板	装配式T形铝合金天棚龙骨（不上人型） 面层规格（600 mm×600 mm）平面	7.31	17.16		0.48	2.56	70.39
			平面、跌级天棚面层 石膏板 安在T形铝合金龙骨上	2.61	39.19		0.17	0.91	
11	020302001002	天棚吊顶，U形轻钢天棚龙骨纸面石膏板	装配式U形轻钢天棚龙骨（不上人型） 面层规格（450 mm×450 mm）平面	10.96	16.40	0.15	0.74	3.84	80.16
			平面、跌级天棚面层 石膏板 安在U形轻钢龙骨上	6.26	39.19		0.41	2.19	
12	020302001003	天棚吊顶，U形轻钢天棚龙骨铝扣板	装配式U形轻钢天棚龙骨（不上人型） 面层规格（600 mm×600 mm以上）平面	9.40	12.24	0.15	0.64	3.29	153.48
			平面、跌级天棚面层 方形铝扣板 600 mm×600 mm	6.26	118.89		0.41	2.19	

续表 5－16

序号	项目编码	项目名称	工程内容	综合单价分析					综合单价
				人工费	材料费	机械使用费	管理费	利润	
13	020401005001	夹板装饰门	杉木无纱胶合板门制作 无亮 单扇	18.79	123.82	5.18	1.90	6.57	315.55
			门面贴饰面板 不拼花	9.74	50.97		0.63	3.41	
			无纱镶板门、胶合板门安装 无亮 单扇	13.98	11.08	0.02	0.90	4.89	
			聚氨酯漆三遍 单层木门	18.49	14.62		1.22	6.47	
			门锁（单向）	11.60	6.42		0.75	4.06	
14	020407001001	木门窗套	门窗套、筒子板 不带木龙骨	13.83	130.73		0.89	4.85	176.62
			聚氨酯漆三遍 其他木材面	13.39	7.38		0.89	4.69	
15	20408002001	饰面夹板、塑料窗帘盒	窗帘盒 胶合板 单轨	6.20	47.94	0.05	0.41	2.17	56.76
16	020506001001	抹灰面油漆	刮双飞粉腻子二遍 墙柱面	3.22	1.49		0.21	1.13	30.31
			乳胶漆底油二遍 面油二遍 抹灰面 墙柱面	9.74	10.47		0.64	3.41	

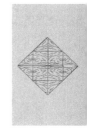

8. 措施项目费分析表（表 5-17）

表 5-17　措施项目费分析表

工程名称：××办公室装修（装饰部分）

序号	措施项目名称	单位	数量	金额（元）					
				人工费	材料费	机械使用费	管理费	利润	小计
	垂直运输机械费	项	3 462.150			3 072.73	389.42		3 462.15
1	多层建筑物 垂直运输高度 20 m 以上 40 m 以内	100 工日	6.120			3 072.73	389.42		3 462.15
	建筑垃圾外运费	项	826.160	127.98		592.44	60.95	44.79	826.16
2	人工装自卸汽车运 3 km 内（实际运距：15 km）	10 m³	1.500	127.98		592.44	60.95	44.79	826.16
	合　计			127.98	0.00	3 665.17	450.37	44.79	4 288.31

9. 主要材料价格表（表 5-18）

表 5-18　主要材料表

工程名称：××办公室装修（装饰部分）

序号	材料编码	材料名称	规格、型号等	单位	工程量	单价（元）	信息价合价
1	02007007	铝扣板 600×600	600×600	m²	37.08	115.00	4 264.20
2	02008007	铝合金型材 155 系列	155 系列	kg	548.106	21.44	11 751.39
3	03002017	杉木枋材		m³	1.86	1 740.22	3 228.11
4	03009001	杉木门窗套料		m³	0.36	1 594.33	573.96
5	03010015	胶合板 2440×1220×9	2440×1220×9	m²	17.76	42.23	750.00

续表 5－18

序号	材料编码	材料名称	规格、型号等	单位	工程量	单价（元）	信息价合价
6	03010018	胶合板 2440×1220×18	2440×1220×18	m²	22.38	87.38	1 955.56
7	03010023	榉木胶合板		m²	23.70	46.07	1 091.86
8	06017001	彩釉砖 100×200	100×200	m²	26.52	24.84	658.76
9	06019002	抛光砖 400×400	400×400	m²	36.90	59.73	2 204.04
10	06019005	抛光砖 1000×1000	1000×1000	m²	213.20	170.37	36 322.88
11	08006001	大理石拼花	成品	m²	4.04	187.74	758.47
12	10001012	轻钢龙骨不上人型（平面）450×450	450×450	m²	64.96	13.50	876.96
13	10001016	轻钢龙骨不上人型（平面）600×600以上	600×600以上	m²	36.54	9.00	328.86
14	10006021	铝合金龙骨不上人型（平面）600×600	600×600	m²	463.86	13.50	6 262.04
15	10018001	石膏板		m²	547.05	36.00	19 693.80
16	10018004	石膏板	12	m²	68.25	12.62	861.32
17	13002001	红绒面胶底地毡		m²	322.39	26.73	8 617.48
18	14029009	防火胶板		m²	98.70	45.21	4 462.23
19	16004001	面漆		kg	178.500	21.46	3 830.61
20	16033001	聚氨酯漆		kg	9.996	19.00	189.92
21	17052002	108胶		kg	375.000	2.45	918.75
22	22038002	一般单舌（双舌）门锁		把	10	6.42	64.20
23	39002017	门框枋材		m³	0.20	148.50	30.00
24	39002019	门扇枋材		m³	0.20	108.00	21.06

（二）电气安装部分

1. 封面（表5-19）

表5-19

×× 办公室装修（电气安装部分）工程

工程量清单报价表

投 标 人：_____（单位签字盖章）

法定代表人：_____（签字盖章）

造价工程师

及注册证号：_____（签字盖执业专用章）

编 制 时 间：_____

2. 投标总价表（表5-20）

表5-20

投 标 总 价

建 设 单 位：_____

工 程 名 称： ×× 办公室装修（电气安装部分）

投标总价（小写）： 52682.97（元）

（大写）： 伍万贰仟陆佰捌拾贰元玖角柒分

投 标 人：_____（单位签字盖章）

法定代表人：_____（签字盖章）

编 制 时 间：_____

3．单位工程费汇总表（表5－21）

表5－21　单位工程费汇总表

工程名称：××办公室装修（电气安装部分）

序号	项　目　名　称	金额（元）
1	分部分项合计	42 123.91
2	措施合计	5 697.50
2.1	安全防护、文明施工措施项目费	4 043.19
2.2	其他措施费	1 654.31
3	其他项目	
4	规费	3 124.31
5	不含税工程造价	50 945.72
6	税金	1 737.25
7	含税工程造价	52 682.97
8	扣除安全防护、文明施工措施费用造价	48 639.78
	合　　计	52 682.97

4．分部分项工程量清单计价表（表5－22）

表5－22　分部分项工程量清单计价表

工程名称：××办公室装修（电气安装部分）

序号	项目编号	项　目　名　称	计量单位	工程数量	金额（元）	
					综合单价	合价
		分部工程				42 123.91
1	030212001001	电气配管	m	230.00	23.37	5 375.10
2	030212001002	电气配管	m	360.00	20.10	7 236.00
3	030212002001	线槽	m	80.00	55.77	4 461.60
4	030212003001	电气配线，线槽配线 导线截面（6 mm² 以内）	m	250.00	4.72	1 180.00
5	030212003002	电气配线，照明线路（铜芯） 导线截面（1.5 mm² 以内）	m	800.00	2.61	2 088.00
6	030212003003	电气配线，照明线路（铜芯） 导线截面（2.5 mm² 以内）	m	1000.00	3.81	3 810.00

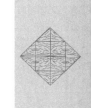

续表 5-22

序号	项目编号	项 目 名 称	计量单位	工程数量	金额（元）综合单价	金额（元）合价
7	030213004001	荧光灯	套	46	263.25	12 109.50
8	030213003001	装饰灯	套	20	73.23	1 464.60
9	030204018001	配电箱	台	1	207.49	207.49
10	030204019001	控制开关，漏电及空气控制开关	个	16	116.30	1 860.80
11	030204031001	扳式暗开关（单控）双联	台	8	37.60	300.80
12	030204031002	扳式暗开关（单控）三联	台	10	42.83	428.30
13	030204031003	单相暗插座	台	46	34.82	1 601.72
		本页小计				42 123.91
		合　计				42 123.91

5. 措施项目清单计价表（表5-23）

表 5-23　措施项目清单计价表

工程名称：××办公室装修（电气安装部分）

序号	项目名称	金额（元）
1	安全防护、文明施工措施费	4 043.19
1.1	安全防护、文明施工措施项目费	2 543.19
1.2	"平安卡"费用	1 500.00
	小计	4 043.19
2	其他措施费	1 654.31
2.1	工程保险费	24.85
2.2	工程保修费	124.26
2.3	赶工措施费	662.72
2.4	预算包干费	842.48
2.5	脚手架搭拆费	
2.6	夜间施工	
2.7	二次搬运	
	小　计	1 654.31
	合　计	5 697.50

6. 规费计算表（表5－24）

表5－24 规费计算表

工程名称：××办公室装修（电气安装部分）

序号	名 称	计 算 式	费率（%）	金额（元）
1	社会保险金	人工费×利润率27.81%	27.81	2 303.78
2	住房公积金	人工费×利润率8.00%	8.00	662.72
3	工程定额测定费	按财综【2008】78号文规定取消		
4	工程排污费	（分部分项合计＋措施合计＋其他项目）×0.33%	0.33	157.81
5	施工噪音排污费	（分部分项合计＋措施合计＋其他项目）×费率		
6	防洪工程维护费	（分部分项合计＋措施合计＋其他项目）×费率		
7	建筑意外伤害保险	（分部分项合计＋措施合计＋其他项目）×费率		
	合计：（大写）叁仟壹佰贰拾肆圆叁角壹分			3 124.31

7. 分部分项工程量清单综合单价分析表（表5－25）

表5－25 分部分项工程量清单综合单价分析表

工程名称：××办公室装修（电气安装部分）

序号	项目编码	项目名称	工程内容	综合单价分析					材料主材设备合价	清单单价
				人工费	材料费	机械使用费	管理费	利润		
1	030212001001	电气配管	凿槽、刨沟 砖结构 宽×深（70 mm×70 mm以内）	3.45	0.03		0.50	1.21	0.03	23.37
			沟槽修补、堵洞眼 沟槽修补尺寸（宽×深）70 mm×70 mm	2.30	0.05	0.11	0.29	0.80	0.05	23.37

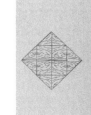

序号	项目编码	项目名称	工程内容	综合单价分析					材料主材设备合价	清单单价
				人工费	材料费	机械使用费	管理费	利润		
			钢管敷设 砖、混凝土结构 暗配钢管公称口径（15 mm 以内）	3.04	0.36	0.44	0.46	1.06	9.63	23.37
2	030212001002	电气配管	钢管敷设 砖、混凝土结构 明配钢管公称口径（15 mm 以内）	6.04	1.32	0.44	0.92	2.12	10.59	20.10
3	030212002001	线槽	金属线槽安装宽+高（300 mm 以内）	11.80	1.79	2.27	1.79	4.13	35.78	55.77
4	030212003001	电气配线，线槽配线 导线截面（6 mm² 以内）	线槽配线 导线截面（6 mm² 以内）	0.60	0.04		0.09	0.21	3.82	4.72
5	030212003002	电气配线，照明线路（铜芯）导线截面（1.5 mm² 以内）	管内穿线，照明线路（铜芯）导线截面（1.5 mm² 以内）	0.47	0.16		0.07	0.17	1.90	2.61
6	030212003003	电气配线，照明线路（铜芯）导线截面（2.5 mm² 以内）	管内穿线 照明线路（铜芯）导线截面（2.5 mm² 以内）	0.48	0.18		0.07	0.17	3.08	3.81

续表 5－25

序号	项目编码	项目名称	工程内容	综合单价分析					材料主材设备合价	清单单价
				人工费	材料费	机械使用费	管理费	利润		
7	030213004001	荧光灯	荧光灯具安装成套型 嵌入式 三管	24.24	4.65		3.68	8.49	226.85	263.25
8	030213003001	装饰灯	点光源艺术装饰灯具 嵌入式 灯具直径（150） 示意图号	12.66	5.74		1.92	4.43	54.22	73.23
9	030204018001	配电箱	成套配电箱安装 悬挂 嵌入式（半周长1.5 m 以内）	117.39	31.21		17.80	41.09	31.21	207.49
10	030204019001	控制开关，漏电及空气控制开关	控制开关安装漏电保护开关 单式 单极	19.90	6.41		3.02	6.97	86.41	116.30
11	030204031001	扳式暗开关（单控）双联	扳式暗开关（单控） 双联	4.34	0.49		0.66	1.52	31.09	37.60
12	030204031002	扳式暗开关（单控）三联	扳式暗开关（单控） 三联	4.34	0.62		0.66	1.52	36.32	42.83
13	030204031003	单相暗插座	单相暗插座 15A 5孔	5.61	0.89		0.85	1.97	26.39	34.82

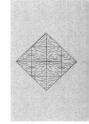

建筑装饰工程概预算与招投标

8. 设备、材料价格表（表5-26）

表5-26 设备、材料价格表

工程名称：××办公室装修（电气安装部分）

序号	材料编码	设备和材料名称、规格、型号等特殊要求	单位	工程量	信息单价
1	01001001	圆钢 φ10 内	t	0.01	4086.25
2	01004002	镀锌铁丝 13～18#（φ1.2～2.2）	kg	11.04	6.20
3	01004003	镀锌铁丝 20～22#（φ0.7～0.9）	kg	0.64	5.20
4	01004009	镀锌铁丝 16#（φ1.6）	kg	1.62	6.20
5	01026051	钢板垫板 δ1～2	kg	0.15	3.66
6	16002001	调和漆 综合	kg	0.03	6.45
7	16006001	酚醛磁漆 各种颜色	kg	0.01	14.91
8	16013002	防锈漆 C53-1	kg	8.42	10.72
9	17006001	铅油	kg	2.05	5.41
10	17007004	清油 C01-1	kg	0.94	10.08
11	17034001	电力复合酯 一级	kg	0.41	18.65
12	17042001	溶剂汽油	kg	2.12	2.98
13	17050001	汽油 60#～70#	kg	9.00	8.21
14	18006001	低碳钢电焊条	kg	4.07	4.59
15	18006002	碳钢电焊条 结422 φ3.2	kg	1.12	5.10
16	18016001	焊锡丝	kg	0.08	50.95
17	18023001	焊锡	kg	3.20	50.95
18	18025001	焊锡膏 瓶装50g	kg	0.18	60.61
19	22003004	半圆头镀锌螺栓 M2～5×15～50	套	480.00	0.04
20	22004020	镀锌精制带帽螺栓 M10×100 以内 2平1弹垫	10套	6.77	4.20
21	22019008	伞型螺栓 M6～8×150	套	93.84	0.46
22	22020003	木螺丝 d2～4×6～65	百个	1.33	1.77
23	22020004	木螺丝 d4.5～6×15～100	百个	0.96	6.78
24	22020014	木螺丝 d4×65	个	898.56	0.02
25	22023019	镀锌自攻螺丝 M4～6×20～35	10个	18.77	0.21

续表 5－26

序号	材料编码	设备和材料名称、规格、型号等特殊要求	单位	工程量	信息单价
26	22031011	镀锌锁紧螺母 3×15～20	个	91.16	0.24
27	22042022	导轨 20～30cm	根	16.00	3.91
28	24050007	塑料软管 ϕ5	m	0.50	0.17
29	24051003	塑料膨胀管 ϕ6～8	个	907.20	0.07
30	24110020	管接头（金属软管用） 15～20	个	41.20	0.46
31	24114010	镀锌管接头 5×15	个	97.23	0.57
32	24178014	镀锌管卡子（钢管用） 15	个	444.96	0.33
33	24221002	塑料护口（钢管用） 15～20	个	91.16	0.08
34	27001004	裸铜线 10 mm^2	kg	0.23	26.73
35	27009001	接地线 5.5～16 mm^2	m	18.00	3.57
36	27014007	塑料绝缘线 BV—2.5 mm^2	m	44.87	0.83
37	27015001	塑料绝缘线 BV—105℃—1.5 mm^2	m	26.46	0.62
38	27015002	塑料绝缘线 BV—105℃—2.5 mm^2	m	107.69	0.90
39	29090019	金属软管 CP15	m	20.60	1.53
40	30039002	铜线端子 20A	个	20.30	0.35
41	30039013	铜接线端子 DT－10	个	2.03	4.86
42	30039035	铜接地端子带螺栓	套	84.00	0.62
43	30120005	钢接线盒 灯具配用	个	20.40	1.64
44	38022001	锯条 各种规格	条	17.70	0.47
45	38022002	钢锯条	条	0.80	0.47
46	38028002	冲击钻头 ϕ6～12	个	5.98	3.73
47	39001022	标志牌 塑料扁形	个	15.00	0.18
48	39001122	棉纱头	kg	4.23	11.19
49	39001154	破布 一级	kg	0.90	5.13
50	39001169	水	t	0.46	1.53
51	39001185	塑料胶布带 25 mm×10 m	卷	4.50	0.82
52	39001200	铁纱布 0～2#	张	9.00	0.98
53	39001244	自粘性橡胶带 20 mm×5 m	卷	0.15	1.17

续表 5－26

序号	材料编码	设备和材料名称、规格、型号等特殊要求	单位	工程量	信息单价
54	FY000045	其他材料费	元	96.32	1.00
55	ZC000075	32.5（R）水泥	t	0.46	
56	ZC000114	中砂	m³	1.61	
57	ZC000832_1	钢管　按实际规格	m	607.70	9.00
58	ZC001317_1	绝缘导线，导线截面（1.5 mm²）	m	928.00	1.50
59	ZC001317_2	绝缘导线，导线截面（4 mm²）	m	262.50	3.60
60	ZC001317_3	绝缘导线，导线截面（2.5 mm²）	m	1160.00	2.50
61	ZC001409_1	成套灯具，不锈钢灯盘	套	46.46	220.00
62	ZC001409_2	成套灯具，筒灯	套	20.20	48.00
63	ZC001417_1	漏电保护开关	个	2.00	160.00
64	ZC001452_1	照明开关，双联	只	8.16	30.00
65	ZC001452_2	照明开关，三联	只	10.20	35.00
66	ZC001459_1	成套插座	套	46.92	25.00
67	ZC001476_1	自动空气开关	套	16.00	60.00
68	ZC001509_1	金属线槽	m	82.40	33.00

第三节　家居装饰装修工程预算编制

一、家居装饰预算编制的特点

随着我国居民生活水平的提高，家居装饰已经进入普通的老百姓家庭，并且装饰的档次在不断地提高。近年居民投资在装饰家居的资金为 150 ～ 3 000 元/m²，就是说，一套建筑面积在 100 m² 的房子，装饰的费用在 1.5 万～ 30 万不等，装饰投资是仅次于购房投资的一项较大的支出。因此，详细而准确地编制家居装饰工程预算，无论对业主或施工单位来说都是非常重要的。

由于各地方主管部门对家居装饰的管理力度和方法与国有资金或大型非国有资金投资的工程的管理力度和方法不一样，所以，家居装饰的预算编制的要求、格式等方面是灵活多变的。家居装饰的预算编制主要是参考预算定额和工程量清单的有关规范和格式，结合广大业主对预算的理解和领会特点，不同的地区、不同的公司，其预算格式可能都不一样。另外，不同的公司所列的分项工程项目的单价包含的内容可能也不一样。因此，不同公司报的家居装饰工程预算，就简单地拿单价和总价来对比是不科学的。市场上个别的公司或个人正是利用家居装饰预算的这个特点来骗取业主钱财，利用业主对预算看不懂，先作个低价的、对项目施工内容模棱两可的预算，或在某些地方埋下伏笔，最后结算比预算造价高出一半或更多。当然，随着装饰市场的成熟和各项规范的出台，这些现象会逐渐减少。

二、家居装饰预算的编制过程和方法

家居装饰比公共建筑的室内装饰，无论是工程项目还是工程量都要小得多，因此在编制预算时在参考定额及工程量清单报价的格式时，可以作更灵活的变化。家居装饰预算一般使用 Excel 软件，对数量的计算非常方便。整个编制过程可以参考如下顺序。

1．熟悉整个工程的施工项目

对于初学者来说，对施工流程和要求都不熟悉，因此要求对家居装饰的整个施工的流程和要求都要作进一步的了解，熟悉工种的分类。当然，如果前面介绍的两种国家标准的预算计价方法都掌握了，那么对于家居施工项目的了解就简单多了。

2．列出分部分项工程项目内容（名称）表

工程项目内容的列表一般有多种方式，如可以参考定额或工程量清单的章节先后顺序，或按施工的先后顺序，或按装饰的不同空间（如复式住宅及别墅），或按工种的分类进行分部分项工程项目内容的列表。如表 5－27，是按工种的分类进行分部分项工程项目内容列表的（部分）。

表 5－27

工程名称：××花园 12A 装修

序号	项目名称	数量	单位	备注
	一、拆改工程部分			
1	拆隔墙（12 墙）			
2	新砌 12 隔墙			
	……			
	二、泥瓦装修部分			
1	大厅、餐厅、走廊铺抛光砖			
2	大厅、餐厅、走廊踢暗装脚线			
3	厨房、厕所、阳台地面砖			
4	厨房、厕所墙身贴瓷片			
	……			
	三、木装修部分			
	（一）房间部分			

续表 5－27

序号	项目名称	数量	单位	备注
1	红樱桃饰面门套			
2	主、客房衣柜			
	……			
	（二）厨房、厕所部分			
17	厨房防火饰面板吊柜			
20	厨房红樱桃饰面、玻璃推拉门套			
22	铝板天花			
	……			
	（三）大厅和走廊部分			
27	大厅造型天花			
33	电视柜背墙造型			
	……			
	小　计			
	四、水电及其他装修部分			
1	铅塑水管安装冷热水系统			
2	水管配件			
	……			
	合　计			

3．计算各个分项工程的工程量

根据设计图纸所标的各个部位尺寸，计算分项工程的工程量，计算时注意实际施工数量发生多少算多少，不要偏多或偏少，并且列出计算公式，方便检查和校对。计算顺序参考上一个过程的分部分项工程项目内容（名称）表。其实家居装饰的工程量是非常简单的，关键是找出重点。家居工程量的重点主要是这几个部位：地面面积、墙身面积、天花面积。这三大部位分别按不同的材料、不同的部位进行计算。除此以外剩下的其他工程项目计算就容易了。如门及门套、家具、装饰线、屏风等，计算时根据图纸或按个数计算，或按长度来计算，或按面积计算等。

4．确定分项工程的综合单价

分项工程综合单价一般按市场单价来确定，计算的方法和工程量清单的综合单价计算方法相似，综合单价由人工费、材料费、机械费、管理费、利润组成。但也可以由人工费、材料费、机械费、利润组成，管理费放到最后计算。这五项费用中人工费、材料费、机械费是按市场价计算单位分项工程的单价，管理费和利润按照工程量清单的综合单价的计算方法，以人工费为基数，分别乘以管理费费率和利润费率。

（1）人工费和机械费

家居装饰中，一般没有大型的施工机械，只有小型施工机械，所以机械费通常归到人工费综合计算。人工费的确定方式有两种：

①按市场的施工包干人工价（包施工机械），如广州等珠三角地区的家居装饰地面、墙身铺贴瓷砖的包干人工价为25～35元/m²，刮腻子灰油乳胶漆的包干人工价为12～15元/m²，普通平面饰面板门及门套350～450元/m套，等等；

②参考定额消耗，结合实际对单位分项工程估算工日消耗量，再按市场的平均日工资计算人工费单价。如铺贴陶瓷地面定额人工的消耗量是26.84～31.76工日/100 m²，实际工日消耗为21～25工日/100 m²；铺贴墙面的定额人工的消耗量是38～41工日/100 m²，实际工日消耗为30～33工日/100 m²。2008—2009年珠三角地区装饰市场的泥瓦工平均工资在100～140元/工日，如果以120元/工日为参考，那么可以计算陶瓷地面的人工费单价为2520～3000元/100 m²，墙身为3600～3960元/100 m²，这个结果和市场实际的人工费包干单价是一致的。

（2）材料费

材料费单价的计算比人工费的计算要复杂，但主要把主材和副材分开计算，计算偏差会降低。材料费的计算方式和定额的材料费的计算方式相同，先确定材料的预算价，根据材料的单位分项工程消耗量确定材料费。材料预算价中包含供应价、市内运输费、采购保管费。注意，材料预算价是不含二次搬运费的，二次搬运费应放到分部分项工程计算表最后计算。

例5-1　某800×800抛光砖的供应价为80元/块，计算每100 m²面积的主材材料费。

计算100 m²地面的理论抛光砖块数为
$$100 \div (0.8 \times 0.8) = 156.25 \approx 157（块）$$

理论计算100 m²的主材（抛光砖）费为
$$157 \times 80 = 12560（元）$$

如果市内运输费为250元/车次（100～150 m²内），采购保管费按10%费率计算，那么100 m²地面主材（抛光砖）的预算价为
$$(12560 + 250) \times (1 + 10\%) = 14091（元）$$

定额消耗量地面一般为102:100（m²），但实际家居的每个空间面积不大，厅房在10～30 m²，厨房厕所在3～10 m²，消耗量在（103～104）:100（m²），取103:100 m²计算，主材费的计算为
$$14091 \times 1.03 = 14513.73（元）$$

例5-2　计算地面铺贴瓷砖每100 m²的副材费。

地面铺贴的副材主要是水泥及砂，可以参考定额的水泥、砂及其他副材单价总和，再结合实际确定。如铺贴地面的平均水泥砂厚25，用1:2.5水泥砂浆（实际是1:3水泥砂浆和水泥膏，综合考虑为1:2.5水泥砂浆），根据水泥砂浆配合比的材料用量表查得或按水泥砂浆配合比的计算公式计算得（参考本教材第四章第一节的有关内容），

1：2.5水泥砂浆的水泥用量为 0.48 t/m³ 水泥砂浆，中砂用量为 1 m³。家居装饰的水泥、砂用量都不大，一般 100 m² 建筑面积的房子水泥用量在 2 ～ 3.5 t，砂用量 3 m³ 左右，如果地面为木地板，水泥砂用量更少。2009 年水泥零售综合价为 380 元/t，中砂 38 元/m³，考虑"用量少"和运输，水泥预算价为 420 元/t，中砂 90 元/m³（都未计算二次搬运费），那么 100 m² 地面的 1：2.5 水泥砂浆单价计算为

$$（100 \times 0.025）\times（420 \times 0.48 + 90）= 729 （元）$$

如果综合考虑一些填缝材料和采购费用，水泥砂浆单价应在 800 ～ 900 元/100 m²（不计算二次搬运费），如果填缝材料取 70 元/100 m²、采购费费率 10%，100 m² 的副材费计算为

$$（729 + 70）\times（1 + 10\%）= 878.9 （元）$$

根据以上的计算可知，100 m² 的地面铺贴的主材费和副材费总和为

$$14513.73 + 878.9 = 15392.63 （元）$$

（3）管理费和利润

这两个费用按定额计算规范应该以人工费为基数分别乘以管理费费率和利润费率，但实际计算上管理费是以人工费及机械费、材料费的总和为基数乘以管理费费率，费率在 5% ～ 10%；利润是以人工费及机械费、材料费、管理费的总和为基数乘以利润费率，费率在 20% ～ 30%。

例5-3 上述地面铺贴瓷砖工程，如果管理费费率 10%，利润率按 20% 计算，人工费按 30 元/m² 计算，分别计算 100 m² 地面单价中的管理费和利润。

管理费的计算为

$$（15392.63 + 3000）\times 10\% = 1839.26 （元）$$

利润为

$$（15392.63 + 3000 + 1839.26）\times 20\% = 4046.38 （元）$$

（4）综合单价的确定

综合单价由人工费和机械费、材料费、管理费、利润组成，如上例的计算中，铺某 800×800 抛光砖（供应价为 80 元/块）的综合单价为

$$153.93 + 30 + 18.39 + 40.46 = 242.78 （元/m²）$$

在实际计算中有时为了简化计算，也可以把管理费和利润合并在一起计算，但计算出来的综合单价和分别计算的综合单价是不一样的。上述例子，如果管理费和利润的综合费率为 30%，则综合单价的计算为

$$（153.93 + 30）\times（1 + 30\%）= 239.11 （元）$$

在家居装修预算中，有时为了在众多的竞争者中承揽到业务，在综合单价报价中，不考虑管理费，以人工费和材料费总和作基数，只考虑利润 20% 左右，如上例的综合单价为

$$（153.93 + 30）\times（1 + 20\%）= 220.72 （元）$$

不考虑管理费并不等于不发生这项费用，除非是个体施工队伍，作为一个体制完善的家居装修企业，最基本的工地的现场管理费是一定发生的，费用大多在 5% ～ 10%（以总造价为基数）之间，根据企业的规模等级和工地的实际大小、难易程度而定。如

果按20%综合考虑，扣除最少5%的现场管理费，毛利润最多在15%，这个利润率对造价高（如超过100万）的单位工程是合理的，对大多数造价为10万元左右的家居装修，15%的毛利润偏低，低利润对保证工程的施工质量和提高企业的积极性都不利。

有时遇到一些主材由业主提供，施工企业只包副材和人工的做法，报价方法是一样的。如上例子如果是包副材和人工，管理费和利润的综合费率为30%，综合报价为

$$(30 + 8.79) \times (1 + 30\%) = 50.43 \ (\text{元/m}^2)$$

以上的例子只说明家居预算中怎样参考定额和工程量清单的有关规范，结合实际市场价格来确定分项工程的单价，很多时候根据不同地区、不同时期、不同施工要求、不同的企业作更灵活的上下浮动变化，最主要的是掌握综合单价的确定过程和方法，在保证企业的业务、施工质量和利润中找到平衡点。

5. 汇总

根据已经列出的分部分项工程项目内容（名称）表、工程量、分项工程单价计算各个分项工程总价，汇总后计算有关措施费（材料二次搬运费、垃圾清运费等）、工程税收。最后汇总总造价，编写有关说明，主要材料的规格、品牌等。

措施费中的二次搬运费可以按实际发生计算，也可以以材料费为基数乘以费率计算，二次搬运费中以水泥、砂、砌墙砖、瓷砖、石材、腻子灰等较重或胶合板、石膏板、龙骨等体积较大的材料发生的搬运费最多，都是以人工搬运为主。多层楼梯房搬运费一般在0.5～1元/层/次，电梯房在2～4元/件，一次或一件的搬运重量在15～50 kg。如搬运水泥到楼梯房的5楼，搬运费为2.5～5元/包（50 kg），搬至电梯房，不管是5楼还是25楼，搬运费都是2～4元/包。措施项目中如果发生成品保护、安全措施、脚手架等都按实际发生的量分别计算。

垃圾、余泥清运费按实际发生计算或估算包干。装修垃圾发生的费用不大，80～120 m² 的家居或装修造价在5万～15万的房子，垃圾的清运费在300～600元之间；余泥清运费用较大，特别是有拆旧砖墙、地面、墙身瓷砖等的二手房，或要拆改隔墙的一手新房，每 m² 拆旧面积余泥的清运费在20～40元。如拆室内12砖隔墙，余泥的清运费约30元/m²，拆18砖隔墙，余泥的清运费约40元/m²，凿地面、墙身瓷砖，余泥的清运费约20元/m²。上述的费用计算包括人工搬运和散料运输车外运，人工搬运的费用和材料二次搬运费相同，散料运输车3 t车为150～200元/车次，5 t车为200～250元/车次。

需要强调的是，以上的搬运人工费的单价，只是参考近年珠江三角洲大中城市普通的市场价格，但有个别小区物业管理公司和搬运队联手垄断本区的搬运和水泥砂等的销售，这样搬运费和水泥砂的价格比正常的要高出10%～50%不等。

工程税收在家居装修预算中一般情况下不列出计算，但不等于企业不要交税。在家居装修中，多数都采用现金交易的方式，部分业主也不需要施工单位提供工程安装发票，因此税务部门要求企业要主动每年按实际完成的工程量，或每月平均完成的工程量（不管企业是否完成）来申报税收，另外需要开具发票的，再按发票的实际金额交纳税金。多数企业选择第二种交税方式，通常称为定额税加发票税。在工程预算中不计算税收时，理解为工程造价中的管理费和利润包含了企业要交纳的定额税金，企业不向业主

提供工程安装发票；如果预算计算税收时，理解为企业向业主提供工程安装发票，并向税务部门缴纳除了定额税金外的发票金额需交纳的税金。

三、家居装饰预算编制实例

以下的编制实例的表格编制格式、工程项目的分类、单价等仅供参考。

1. 工程概况

本工程位于某花园 A 座 12 楼，三房两厅两厕两阳台，购房建筑面积 106 m²，套内建筑面积 91 m²。各使用功能的使用面积为：大厅、餐厅、走廊 31.7 m²；三房间共 33 m²；厨房、厕所、阳台共 20 m²。

2. 分部分项工程预算表实例

（1）包工包料预算编制，如表 5 - 28（表中单价为包含人工费、材料费、机械费、管理费、利润的综合单价）。

表 5 - 28　装修预算表

工程名称：××花园 12A 装修　　　　　　　　　　　　　　　　日期

序号	项目名称	数量	单位	单价	总价	备注
	一、拆改工程部分					说明材料规格、品牌、做法等
1	拆隔墙（12 墙）	12	m²	15	180	
2	新砌 12 隔墙	8	m²	80	640	
	小　计				820	
	二、泥瓦装修部分					在本分部工程的人工中都含水泥砂
1	大厅、餐厅、走廊铺抛光砖	31.7	m²	239	7576.3	东鹏抛光砖 80138 系列
2	大厅、餐厅、走廊踢脚线（暗装）	24	m	26.5	636	抛光砖
3	厨房、厕所、阳台地面砖	20	m²	128	2560	东鹏地砖 LPB30712，300×300
4	厨房、厕所墙身贴瓷片	56.5	m²	135	7627.5	东鹏墙砖 LMB53728
5	窗台贴大理石	4.5	m²	360	1620	金线米黄
6	门口贴花岗石门槛	0.9		670	603	印度红
7	厕所大理石洗手台，含洗手盆	2	项	885	1770	世纪米黄石
8	座（蹲）厕安装	2	座	1690	3380	TOTO

续表 5－28

序号	项目名称	数量	单位	单价	总价	备注
9	厨房厕所排水、防臭系统	3	项	90	270	DN50 联塑 PVC 排水管
10	厕所防水处理	18	m²	35	630	"德高" K11－2 型防水涂料
	小　　计				26673	
	三、木装修部分					
	（一）房间部分					
1	红樱桃饰面门及门套	3	套	1050	3150	细木工板，红樱桃饰面板，长颈鹿清漆（下同）
2	主、客房衣柜	15.2	m²	590	8968	
3	主人房床头背墙造型	7.2	m²	160	1152	
4	主人房造型天花（展开面积）	7.5	m²	110	825	轻钢龙骨，12 mm 可耐福石膏板
5	房间实木角线	38	m	40	1520	柚木线
6	房间实木地板	33	m²	290	9570	柚木地板
7	房间实木踢脚线	45	m	23	1035	
	（二）厨房、厕所部分					
8	厨房防火饰面板吊柜	4.1	m	580	2378	合资细木工板
9	灶台柜，天然台面，防火板柜门	3.5	m	1250	4375	进口黑金砂花岗石
10	厨房灶台不锈钢洗菜盆	1	个	180	180	
11	厨房红樱桃饰面、玻璃推拉门套	2	套	1150	2300	
12	铝合金玻璃门、红樱桃饰面包框	2	套	870	1740	
13	铝板天花	16.4	m²	126	2066.4	
14	沐浴间铝合金玻璃屏风	6.8	m²	460	3128	
	（三）大厅和走廊部分					
15	鞋柜	1.7	m²	530	901	
16	鞋柜顶墙造型连 5 mm 镜	3.1	m²	170	527	
17	造型餐柜	5.6	m²	590	3304	

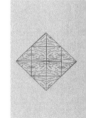

续表 5-28

序号	项目名称	数量	单位	单价	总价	备注
18	大厅造型天花	9	m²	110	990	轻钢龙骨，12 mm 可耐福石膏板
19	走廊平面天花	3	m²	90	270	
20	天花实木角线	33	m	40	1320	
21	装饰柜及玻璃屏风	1.8	m²	490	882	
	小　计				50581	
	四、水电及其他装修部分					
1	铝塑水管安装冷热水系统	32	m	50	1600	联塑 DN20 管，龙头另计
2	水管配件	1	项	140	140	
3	照明、普通插座电气线路暗装	80	位	108	8640	灯另计
4	总开关箱（带漏电、空气开关）	1	个	560	560	梅兰日兰开关
5	扇灰，油"ICI"墙面乳胶漆	230	m²	25	5750	金装全效"ICI"
6	装修垃圾清运	1	项	500	500	估算包干
7	材料垂直搬运	1	项	800	800	估算包干
	小　计				17990	
	合　计				96064	

注：本例未计算的费用有：（1）房间窗帘和窗帘道轨；（2）灶台中煤气炉、抽油烟机；（3）所有灯饰、水龙头；（4）工程税收。

在包工包料预算的编制中，综合单价也可以只包含人工费、材料费、机械费、利润。管理费和税金在工程总价合计后集中计算。

如某工程包含人工费、材料费、机械费、利润合计造价为 65000 元，则管理费（设费率为 5%）和税金（税率为 3.41%）可以分别计算为

$$管理费 = 65000 \times 5\% = 3250（元）$$

$$税金 = (65000 + 3250) \times 3.41\% = 2327.33（元）$$

因此，工程的总造价为

$$65000 + 3250 + 2327.33 = 70577.33（元）$$

（2）材料和人工分别计算的预算编制，如表 5-29。（表中材料单价应包含管理费、利润的综合单价，人工单价应包含小型机械费、管理费、利润的综合单价）

表5－29 装修预算表

工程名称：××花园12A装修 　　　　　　　　　　　　　　　　日期：

序号	项目名称	数量	单位	单价		总价		备 注
				材料	人工	材料	人工	
	一、拆改工程部分							说明材料规格、品牌、做法等
1	拆隔墙（12墙）	12	m²		15		180	
2	新砌12隔墙	8	m²	50	30	400	240	
	小 计					400	420	
	二、泥瓦装修部分							本分部的人工中都含水泥砂
1	大厅、餐厅、走廊铺抛光砖	31.7	m²	189	50	5991.3	1585	东鹏抛光砖80138系列
2	大厅、餐厅、走廊踢脚线（暗装）	24	m	11.5	15	276	360	抛光砖
3	厨房、厕所、阳台地面砖	20	m²	78	50	1560	1000	东鹏地砖LPB30712，300×300
4	厨房、厕所墙身贴瓷片	56.5	m²	90	45	5085	2542.5	东鹏墙砖LMB53728
5	窗台贴大理石	4.5	m²	300	60	1350	270	金线米黄
6	门口贴花岗石门槛	0.9		520	150	468	135	印度红
7	厕所大理石洗手台，含洗手盆	2	项	800	85	1600	170	世纪米黄石
8	座（蹲）厕安装	2	座	1540	150	3080	300	TOTO
9	厨房厕所排水、防臭系统	3	项	65	25	195	75	DN50联塑PVC排水管
10	厕所防水处理	18	m²	27	8	486	144	"德高"K11-2型防水涂料
	小 计					20091.3	6581.5	

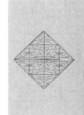

续表 5－29

序号	项目名称	数量	单位	单价		总价		备　注
				材料	人工	材料	人工	
	三、木装修部分							
	（一）房间部分							
1	红樱桃饰面门及门套	3	套	570	480	1710	1440	细木工板，红樱桃饰面板，长颈鹿清漆（下同）
2	主、客房衣柜	15.2	m²	400	190	6080	2888	
3	主人房床头背墙造型	7.2	m²	90	70	648	504	
4	主人房造型天花（展开面积）	7.5	m²	64	46	480	345	轻钢龙骨12 mm可耐福石膏板
5	房间实木角线	38	m	25	15	950	570	柚木线
6	房间实木地板	33	m²	250	40	8250	1320	柚木地板
7	房间实木踢脚线	45	m	15	8	675	360	
	（二）厨房、厕所部分							
8	厨房防火饰面板吊柜	4.1	m	430	150	1763	615	合资细木工板
9	灶台柜，天然台面，防火板柜门	3.5	m	800	450	2800	1575	进口黑金砂花岗石
10	厨房灶台不锈钢洗菜盆	1	个	180		180	0	
11	厨房红樱桃饰面、玻璃推拉门套	2	套	600	550	1200	1100	
12	铝合金玻璃门、红樱桃饰面包框	2	套	600	270	1200	540	
13	铝板天花	16.4	m²	90	36	1476	590.4	
14	沐浴间铝合金玻璃屏风	6.8	m²	410	50	2788	340	
	（三）大厅和走廊部分							
15	鞋柜	1.7	m²	380	150	646	255	
16	鞋柜顶墙造型连5 mm镜	3.1	m²	130	40	403	124	

续表 5－29

序号	项目名称	数量	单位	单价		总价		备 注
				材料	人工	材料	人工	
17	造型餐柜	5.6	m²	400	190	2 240	1 064	
18	大厅造型天花	9	m²	64	46	576	414	轻钢龙骨 12 mm 可耐福石膏板
19	走廊平面天花	3	m²	54	36	162	108	
20	天花实木角线	33	m	25	15	825	495	
21	装饰柜及玻璃屏风	1.8	m²	350	140	630	252	
	小 计					35 682	14 899	
	四、水电及其他装修部分							
1	铝塑水管安装冷热水系统	32	m	30	20	960	640	联塑 DN20 管，龙头另计
2	水管配件	1	项	140		140	0	
3	照明、普通插座电气线路暗装	80	位	70	38	5 600	3 040	灯另计
4	总开关箱（带漏电、空气开关）	1	个	360	200	360	200	梅兰日兰开关
5	扇灰，油"ICI"墙面乳胶漆	230	m²	12	13	2 760	2 990	金装全效"ICI"
6	装修垃圾清运	1	项		500	0	500	估算包干
7	材料垂直搬运	1	项		800	0	800	估算包干
	小 计					9 820	8 170	
	合 计					65 993.3	30 071	

注：本例未计算的费用：（1）房间窗帘和窗帘道轨；（2）灶台中煤气炉、抽油烟机；（3）所有灯饰、水龙头；（4）工程税收；（5）个别项目中材料如要求施工单位包干的，单价应在原单价基础上加上采购包干费用。

在上面的编制实例中，要注意每个分项工程最后"备注"的说明，简略说明分项工程单价中包含的内容范围、材料规格、品牌型号等。如"拆改工程部分"的第 1 分项，在备注应说明是否包含余泥的搬运和汽车外运；第 2 分项应说明砌墙是否包含墙身的水泥砂浆找平。第二分部中第一分项的地面铺贴工程，除了说明主材的品牌规格型号外，还要说明水泥砂浆的厚度，施工规范是 20 mm，预算计价时考虑 25 mm，实际施工中有些原地面平整偏差较大的房子（如 20 世纪 90 年代及以前建的单位福利房），铺贴时有部分的水泥砂浆厚度达到 40 mm 左右，这样就要说明每增加单位厚度的面积的价格计算方法。上述预算实例因版面的关系，部分分项工程的备注都省略了。

3. 水电安装项目的编制

国家规范的预算编制对供水和排水管道安装都是按照管道长度"m"为单位计算的，其中管道长度计价已经包含连接管道的配件接头及副件，龙头、阀门、水表等另外分别计算，在供水管的安装方面，普通家居冷热水管长度一般在 30 ～ 50 m，按照上述的计算方式对装修公司和业主都很容易接受。家居里是排水、排污管安装，一般每个空间（厨房、卫生间）都在 1 ～ 2 m，甚至更少，但连接管道的配件是普通平均每米使用配件的 3 ～ 5 倍，因此，预算时常常不按照长度"m"计算，而是按每个空间使用的管道长度和配件作一"项"综合价计算，但如果管道长度较长、单支长度在 2 m 以上的都应该以"m"为单位计算。

家居中的电气（含弱电）线路安装原则上应该参考国家预算规范的计价方式，分别计算线路中的敷设管道（或线槽）的长度和单价、不同规格电线的长度和单价，不同开关插座、灯饰、总控制箱等分别计算数量和单价。但实际工程中，业主对线路的长度计算较困难，而完成的开关、插座、灯饰等的个数更直观，因此多数装修公司根据完成开关、插座、灯饰等的个数以"位"为单位计算，"位"理解为"位置"，再根据整套房子线路敷设使用的管道（或线槽）、不同规格电线的总和作位数的平均计价。房子大小不同、线路的简易程度不同、材料的品牌规格不同，对电气的单价影响都较大。2008—2009 年市场的价格在 80 ～ 150 元/位，100 m² 的房子，按照中上水平标准装修（造价在 10 万 ～ 15 万），线路位数在 90 ～ 100 位（含弱电）之间，单价为 110 ～ 130 元/位，即是电气线路安装造价在 0.99 万 ～ 1.3 万（不计算灯饰），加上总控制电箱 600 ～ 900 元、弱电箱 400 ～ 600 元，每 100 m² 建筑面积的电气线路及安装工程费用在 1.09 万 ～ 1.45 万元。另外计价单位"位"的计算方式，通常一个普通灯（如日光灯、吸顶灯、壁灯）计算一位，普通吊灯豪华吊灯增加人工 0.5 ～ 3 个工日（人工费 70 ～ 400 元）；一个二三孔插座计算一位，并列在一起的两个或以上的二三孔插座应每增加一个计算 0.5 ～ 0.8 位；空调专线、电热水器专线，根据线路电线的大小（2.5 mm² 或 4 mm²），一个设备点（位）计算 2 ～ 4 位。因此，电气安装如果是按照上述方法以"位"为单位来计算时，应该在备注里详细说明位数的计算方法。当然，上述电气安装数量"位"的计算方法，不同公司可能对个别位数的计算方法不一样，如果工程是按照实际完成数量来结算，预算时对数量的计算方法说明又不够清晰，那结算时在数量的计算上容易和业主产生分歧。

在家居的水电安装工程中，如果设计图纸已经完成，那水电的管道、线路数量就确定了，就算在施工过程有少量的设计更改，对水电的数量影响也不大，因此在预算时完全可以按"一项"或"一宗"为单位包干计算价格，这样对企业对业主都很明朗，但要注意在备注里说明包含的工作内容、数量、材料的规格、品牌等等。

第六章　工程招标和投标

第一节　招标投标概述

一、工程招标、投标的概念和范围

工程的招标是指招标人（建设单位或招标代理机构）通过报价等手段，按照公布的条件，择优选择符合自己条件的、有合法资格和相应能力的中标人的一种采购行为。

工程的投标相对于招标是一个对应的概念，是指有合法资格和相应能力的投标人根据招标人的要求，在指定的时间期限内编写有关文件，提出工程报价而竞得招标人的工程项目的一种经济行为。

我国《招标投标法》规定，凡在我国境内进行工程的勘察、设计、施工、监理、设备、材料供应等，都应进行招投标。

工程招标的概念和范围可以用图6-1表示。

图6-1　工程招标概念和范围

工程投标的概念和范围可以用图6-2表示。

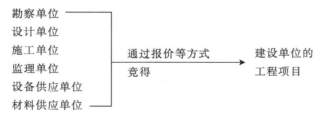

图6-2　工程投标概念和范围

建设工程的招标和投标是商品交易的一种方式，通过招标和投标，能有效地降低工程造价，缩短建设工期，确保工程质量，提高投资效率等。同时，也能使投标企业在竞争中不断地改进生产管理和各项措施，降低各项成本。另一方面，工程建设领域的投资大，涉及面广，在工程建设中容易产生各种腐败行为，通过招标和投标，能使工程建设更公开、公平、公正地进行，有效地减少工程建设中的腐败行为。

二、工程招标的方式

（一）公开招标和邀请招标

从招标的竞争程度分，有公开招标和邀请招标。

1. 公开招标和邀请招标的概念

公开招标是指招标人通过在国家指定的报刊、电子网站或其他媒体上发布招标公告而进行工程招标的方式；邀请招标是指招标人通过电话、邮件、投标邀请书等通知投标人参加工程投标的一种招标方式。这是我国《招标投标法》所规定的主要分类方式，其中又以公开招标为主要方式。

2. 公开招标和邀请招标的适用范围

公开招标适合所有的建设工程，邀请招标一般适合中小型非国有资金投资工程以及国家规定的特殊建设工程。

建设部《房屋建筑和市政基础设施工程施工招标投标管理办法》中规定，有以下情形之一的，经批准可以进行邀请招标：

（1）项目技术复杂或有特殊要求，只有少量几家潜在投标人可供选择的；受自然地域环境限制的；

（2）国家安全、国家秘密或者抢险救灾，适宜招标但不宜公开招标的；

（3）公开招标的费用与项目的价值相比，不值得的；

（4）法律、法规规定不宜公开招标的。

3. 公开招标和邀请招标方式的主要区别

（1）发布信息的方式不同。公开招标是招标人在国家指定的报刊、电子网站或其他媒体上发布的招标公告。如《经济日报》、《人民日报》和工程所在地的地方报如《广州日报》等报刊；世行、亚行贷款项目招标信息还可以在《联合国发展论坛》发表。又如电子网站"中国采购与招标信息网"（http：www. Chinabidding. gov. cn）。邀请招标采用电话、邮件、投标邀请书等形式发出邀请。

（2）竞争的范围或效果不同。公开招标使用招标公告的形式，针对的是一切潜在的投标人，招标人选择的范围较广，投标人竞争的范围较广，竞争的优势发挥较好，容易获得最优招标效果。而邀请招标的竞争范围有限（一般邀请3～10家投标人），从而可能提高中标价或者遗漏某些在技术上和报价上更有优势的潜在投标人。

（3）时间和费用不同。邀请招标的潜在投标人的数量是有限的，一般为3～10家（不能少于3家），同时又是招标人自己选择的，对投标人的情况较为熟悉，无需进行资格预审，大大减少资格预审的工作，并且投标人的个数比公开招标的少。因此，无论是招标的时间或是招标的费用，都比公开招标的少。而公开招标方式的资格预审工作量大，投入的人力、费用都要大。

（二）国内招标和国际招标

按招标的范围分，有国内招标和国际招标。

国家经贸委将国际招标界定为"是指符合招标文件规定的国内、国外法人或其他组织，单独或联合其他法人或其他组织参加投标，并按招标文件规定的币种结算的招标活动"；国内招标则"是指符合招标文件规定的国内法人或其他组织，单独或联合其他法人或其他组织参加投标，并按人民币结算的招标活动"。

三、工程招标程序

工程招标的主要程序，可以用图6－3表示。

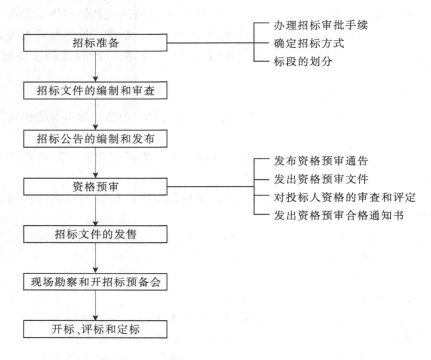

图6－3　工程招标的主要程序

四、工程招标投标的有关法律文件

我国的招标投标制度是在改革开放过程中逐渐建立并完善的。早在1984年，国家计委和城乡建设环境保护部联合下发了《建设工程招标投标暂行规定》，这是我国最早的有关工程招标投标的法规。其后，从1994年6月开始起草《中华人民共和国招标投标法》，经过5年多的试行，在1999年8月30日全国人大常委会上审议通过，并于2000年1月1日起实施。

随后在2000年5月1日，国家计委发布了《建设工程项目招标范围的规模标准规定》；2000年7月1日，国家计委又发布了《建设工程项目自行招标试行办法》和《招标公告发布暂行办法》。

在2001年7月5日，国家计委等七部委联合发布了《评标委员会和评标办法暂行规定》，其中有三大方面的突破：关于低于成本价的认定标准；关于中标人的确定条件；

关于最低价中标。在这里第一次明确了最低价中标的原则，这与国际惯例是接轨的。这一评标定标原则必然给我国现行的定额管理带来冲击。在这一时期，建设部也连续颁布了第 79 号令《工程建设项目招标代理机构资格认定办法》、第 89 号令《房屋建筑和市政基础设施工程施工招标投标管理办法》以及《房屋建筑和市政基础设施工程施工招标文件范本》（2003 年 1 月 1 日施行）、第 107 号令《建筑工程施工发包与承包计价管理办法》（2001 年 11 月）等，对招投标活动及其承发包中的计价工作做出进一步的规范。

第二节　施工招标和施工投标

一、工程施工招标和投标应具备的条件

1. 施工招标应具备的条件

根据我国《招标投标法》规定，招标人应是"提出招标项目，进行招标的法人或者其他组织"。"招标人应当有进行招标项目的相应资金或者资金来源已经落实，并应当在招标文件中如实载明"。同时，"招标人具有编制招标文件和组织评标能力的，可以自行办理招标事宜"。

按照建设部的有关规定，依法必须进行施工招标的工程，招标人自行办理施工招标事宜的，应当具有编制招标文件和组织评标的能力：

（1）有专门的施工招标组织机构；

（2）有与工程规模、复杂程度相适应并具有同类工程施工招标经验、熟悉有关工程施工招标法律法规的工程技术、概预算及工程管理的专业人员。

不具备上述条件的，招标人应当委托具有相应资格的工程招标代理机构代理施工招标。

2. 施工投标单位应具备的基本条件

我国《招标投标法》规定，投标人是响应招标、参加投标竞争的法人或者其他组织。投标人应当具备承担招标项目的能力。建设部第 89 号令指出，施工招标的投标人是响应施工招标、参与投标竞争的施工企业。投标人应当具备相应的施工企业资质，并在工程业绩、技术能力、项目经理资格条件、财务状况等方面满足招标文件提出的要求。因此，投标人应具备如下条件：

（1）投标人应当具备承担招标项目的能力。投标人应当具备与投标项目相适应的技术力量、机构设备、人员、资金等方面的能力，具有承担该招标项目的能力。参加投标项目是投标人的营业执照中的经营范围所允许的，并且投标人要具备相应的资质等级。

（2）投标人应当符合招标文件规定的资格条件。招标人可以在招标文件中对投标人的资格条件作出规定，投标人应当符合招标文件规定的资格条件，如果国家对投标人的资格条件有规定的，则依照其规定。对于参加建设项目设计、建筑安装以及主要设备、材料供应等投标的单位，必须具备下列条件：

①具有招标条件要求的资质证书，并为独立的法人实体；

②承担过类似建设项目的相关工作，并有良好的工作业绩和履约记录；

③财产状况良好，没有处于财产被接管、破产或其他关、停、并、转状态；

④在最近3年没有骗取合同以及其他经济方面的严重违法行为；

⑤近几年有较好的安全纪录，投标当年内没有发生重大质量和特大安全事故。

二、工程施工招标和投标程序

公开招标投标的程序如图6-4所示。

邀请招标投标的程序与公开招标投标的程序基本上相同，所不同的仅为邀请招标投标无需有"招标公告"的程序，而以"投标邀请书"替代了"招标公告"的内容。

三、施工招标的主要工作

（一）招标文件的编写

1. 招标文件应包括的内容

（1）投标须知前附表和投标须知。

（2）合同条款。

（3）合同格式。

（4）工程建设标准。

（5）图纸。

（6）工程量清单。

（7）投标文件参考格式。

投标文件参考格式包括投标函部分格式、商务标部分格式和技术标部分格式。

2. 招标文件的编写

（1）投标须知前附表和投标须知

投标须知前附表，是将一些重要的内容集中地列在表中，便于投标人重点和概括地了解招标情况，如表6-1所示。

投标须知是指导投标人正确地进行投标报价的文件，规定了编制投标文件和投标应注意、考虑的程序规定和一般规定，特别是实质性规定。

对其中的一些项目说明如下：

①工程质量标准：分为合格和优良，并实行优质优价。

②建设工期：工期比工期定额缩短20%及以上的，应计取赶工措施费。

③资格审查方式：有资格预审和资格后审两种方式。

④工程报价方式：一般结构不太复杂或工期在12个月以内的工程，可采用固定价格，同时考虑一定的风险系数；结构复杂或大型工程或工期在12个月以上的，应调整价格，调整的方法及范围应在招标文件中明确。并且明确投标价格的计算依据：执行的定额标准及取费标准；工程量清单；执行的人工、材料、机械设备政策性调整文件等；材料设备计价方法及采购、运输；保管责任等。

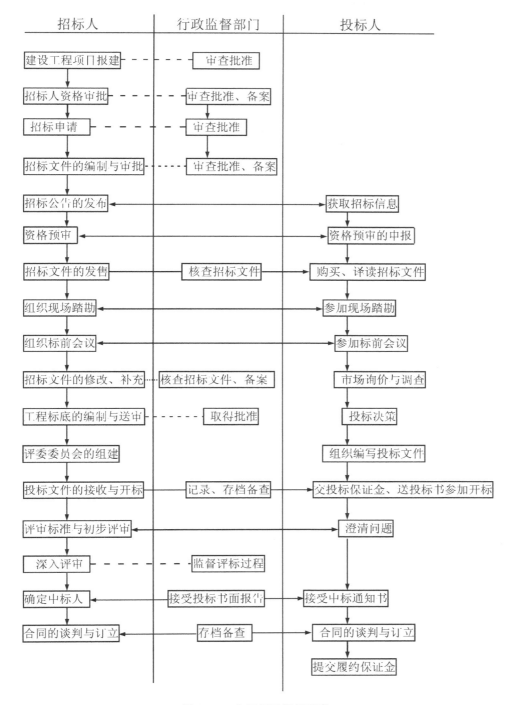

图6－4　公开招标投标程序

建筑装饰工程概预算与招投标

表 6－1　投标须知前附表

序号	条款号	内容	说明与要求
1		工程名称	
2		建设地点	
3		建设规模	
4		承包方式	
5		质量标准	
6		招标范围	
7		工期要求	____年____月____日计划开工，____年____月____日计划竣工。施工总工期：____日历天
8		资金来源	
9		投标人资质等级要求	
10		资格审查方式	
11		工程报价方式	
12		投标有效期	为____日历天（从投标截止之日算起）
13		投标担保金额	不少于投标总价的____%或____（币种，金额，单位）
14		踏勘现场	集合时间：____年____月____日____时____分 集合地点：_____
15		投标人的替代方案	
16		投标文件份数	一份正本，____份副本
17		投标文件提交地点及截止时间	收件人：_____　地点：_____ 时间：____年____月____日____时____分
18		开标	开始时间：____年____月____日____时____分 地点：_____
19		评标方法及标准	
20		履约担保金额	投标人提供的履约担保金额为（合同价款的____%或）____（币种，金额，单位） 投标人提供的支付担保金额为（合同价款的____%或）____（币种，金额，单位）

注：招标人根据需要填写"说明与要求"的具体内容，对相应的栏竖向可根据需要扩展。

⑤投标有效期：投标有效期是指自投标截止日起至公布中标之日为止的一段时间，有效期的长短根据工程的大小、繁简而定。按照国际惯例，一般为 90 ～ 120 天，我国规定为 10 ～ 30 天。也有地方规定：结构不太复杂的中小型工程为 28 天；其他工程为 56 天。

投标有效期一般是不能延长的，但在某些特殊情况下，招标者要求延长投标有效期也是可以的，但必须征得投标者的同意。投标者拒绝延长投标有效期的，招标者不能因此而没收其投标保证金；同意延长投标有效期的投标者，不应要求在此期间修改其投标书，而且投标者必须同时相应延长其投标保证金的有效期。

⑥投标保证金：投标保证金的总额不超过投标总价的 2%，可以采用现金、支票、银行汇票或银行出具的银行保函。其有效期应超过投标有效期的 28 天。

⑦履约担保：履约保证可以采用银行保函（5%）或履约担保书（10%）。

⑧其他有关说明：工期拖延或工期提前的处理应在招标文件中明确。材料或设备采购、运输、保管的责任应在招标文件中明确，还应列明建设单位供应的材料的名称或型号、数量、供货日期和交货地点，以及所提供的材料或设备的计划和结算退款的方法。

（2）合同条款（见第七章附录有关条款）。

（3）合同格式（见第七章附录有关内容）。

（4）工程建设标准。

（5）图纸。

（6）工程量清单（见第二章有关格式）。

（7）投标文件参考格式。

①投标函格式。以下为投标函格式举例。

投　标　函

致：（招标单位）

1. 根据你方招标工程项目编号为_____的_____工程招标文件，遵照《中华人民共和国招标投标法》等有关规定，经踏勘项目现场和研究你上述招标文件的投标须知、合同条款、图纸、工程建设标准和工程量清单及其他有关文件后，我方愿以人民币：_____（　　）的投标报价并按上述图纸、合同条款、工程建设标准和工程量清单的条件要求承包上述工程的施工、竣工，并承担任何质量缺陷保修责任。

2. 我方已详细审核全部招标文件，包括修改文件（如有）及有关附件。

3. 我方承认投标函附录是我方投标函的组成部分。

4. 一旦我方中标，我方保证按合同协议书中规定的工期_____日历天内完成并移交全部工程。

5. 如果我方中标，我方将按照规定提交上述总价_____%的银行保函或上述总价的____%由具有担保资格和能力的担保机构出具的履约担保书作为履约担保。

6. 我方同意所提交的投标文件在"投标申请人投标须知"第15条规定的投标有效期内有效，在此期间内如果中标，我方将受此约束。

7. 除非另外达成协议并生效，你方的中标通知书和本投标文件将成为约束双方的

合同文件的组成部分。

8. 我方将与本投标函一起，提交_____（　　）作为投标担保。

投标人：

单位地址：

法定代表人或委托代理人：

邮政编码：　　　　电话：　　　　　　传真：

开户银行名称：

开户银行账号：

开户银行地址：

开户银行电话：

日期：

投标函文件的组成应包括：法定代表人身份证明书、投标文件签署授权委托书、投标函、投标函附录（表6-2）、投标担保银行保函格式（由担保银行提供）、投标担保书。

表6-2　投标函附录

序号	项目内容	合同条款号	约定内容	备注
1	履约保证金 银行保证金额 履约担保书金额		合同价款的　　% 合同价款的　　%	
2	施工准备时间		签订合同后　　天	
3	误期违约金额		元/天	
4	误期赔偿费限额		合同价款的　　%	
5	提前工期奖		元/天	
6	施工总工期		日历天	
7	质量标准			
8	工程质量违约金额最高限额		元	
9	预付款金额		合同价款　　%	
10	预付款保函金额		合同价款　　%	
11	进度款付款时间		签发月付款凭证后　　天	
12	竣工结算款付款时间		签发竣工结算付款凭证后　　天	
13	保修期		依照保修书约定的期限	

②商务标格式（参见第二章投标人工程量清单报价格式）。

③技术标格式。主要包括施工组织设计和辅助资料表两大部分。

（二）资格审查

资格审查的格式如下：

资格预审申请书

致：（招标人）

1 经授权作为代表，并以（投标人名称）（以下简称"投标申请人"）的名义，在充分理解《投标申请人资格预审须知》的基础上，本申请书签字人在此以（招标项目名称）下列标段投标申请人的身份，向你方提出资格预审的申请：

项目名称	标段号

2 本申请书附有下列内容的正本文件的复印件：

2.1 投标申请人的法人营业执照；

2.2 投标申请人的＿＿＿（施工资质等级）证书；

3 按资格预审文件的要求，你方授权代表可调查、审核我方提交的与本申请书相关的声明、文件和资料，并通过我方的开户银行和客户，澄清本申请书中有关财务和技术方面的问题。本申请书还将授权给有关的任何人或机构及其授权代表，按你方的要求，提供必要的相关资料，以核实本申请书中提交的或与本申请人的资金来源、经验和能力有关的声明和资料。

4 你方授权代表可通过下列人员得到进一步的资料：

一般咨询和管理方面的咨询	
联系人1：	电话：
联系人2：	电话：

5 本申请充分理解下列情况：

5.1 资格预审合格的申请人的投标，须以投标时提供的资格预审申请书主要内容的更新为准；

5.2 你方保留更改本招标项目的规模和金额的权利。前述情况发生时，投标仅面向资格预审合格且能满足变更后要求的投标申请人。

（如为联合投标：）

6 随本申请，我们提供联合体各方的详细情况，包括资金投入（及其他资源投入）和盈利（亏损）协议。我们还将说明各方在每个合同价中以百分比形式的财务方面以及合同履行方面的责任。

7 我们确认如果我方中标，则我方的投标文件和与之相应的合同将：

7.1 得到签署，从而使联合体各方共同地和分别地受到法律约束；

7.2 随同提交一份联合体协议，该协议将规定，如果我方被授予合同，联合体各方共同的和分别的责任。

8 下述签字人在此声明，本申请书中所提交的声明和资料在各方面都是完整、真实和准确的：

签名：	签名：
姓名：	姓名：
兹代表（申请人或联合体主办人）	兹代表（联合体成员1）
申请人或联合体主办人盖章	联合体成员1盖章
签字日期：	签字日期：

附表 1

投标申请人一般情况

1	企业名称：	
2	总部地址：	
3	当地代表处地址：	
4	电话：	联系人：
5	传真：	电子邮箱：
6	注册地：	注册年份：（附营业执照复印件）
7	公司质资等级证书号：（附有关证书复印件）	
8	公司通过　　（何种）质量保证体系认证（附有关证书复印件，并提供认证机构年审监督报告）	
9	主营范围 1. 2. ……	
10	作为总承包人经历年数	
11	作为分包商经历年数	
12	其他需要说明的情况	

附表2

近三年工程营业额数据表

投标申请人或联合体成员名称：

近三年工程营业额		
财务年度	营业额（单位）	备注
第一年（　　）		
第二年（　　）		
第三年（　　）		

附表3

近三年已完工程及目前在建工程一览表

投标申请人或联合体成员名称：

序号	工程名称	监理单位	合同金额	竣工质量标准	竣工日期
1					
2					

附表4

财务状况表

一、开户银行情况

开户银行	名称：	
	地址：	
	电话：	联系人及职务：
	传真：	电传：

二、近三年每年的资产负债情况

财务状况	近三年		
	第一年	第二年	第三年
1. 总资产			
2. 流动资产			
3. 总负债			
4. 流动负债			
5. 税前利润			
6. 税后利润			

注：投标申请人请附最近三年经过审计的财务报表，包括资产负债表、损益表和现金流量表。

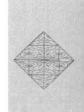

三、为达到本项目现金流量需要提出的信贷计划（投标申请人在其他合同上投入的资金不在此范围内）

信贷来源	信贷金额
1.	
2.	
3.	

注：投标申请人或每个联合体成员都应该提供财务资料，以证明其已达到资格预审要求。每个投标申请人或联合体成员都应填写此表。

附表 5

联合体情况

成员成分	各方名称
1. 主办人	
2. 成员	
3. 成员	
……	

注：表后需附联合体共同投标协议。

附表 6

类似工程经验

投标申请人或联合体成员名称：

1	合同号	
	合同名称	
	工程地址	
2	发包人名称	
3	发包人地址（包括电话及联系人）	
4	工程性质和特点（和申请人所申请的）	
5	合同身份 □独立承包人；□分包人；□联合体成员	
6	合同总价	
7	合同授予时间	
8	完工时间	
9	合同工期	
10	其他要求（如施工经验、技术措施、安全措施等）	

（提供类似工程合同相关证明）

附表7

公司人员及拟派往本招标工程项目的人员情况

投标申请人或联合体成员名称：

1. 公司人员

数　量　　　　　人员别类	管理人员	工人		其他
		总数	其中技术人员	
总数				
拟为本工程提供的人员总数				

2. 拟派往本招标工程项目的管理人员和技术人员

经历　　　　　人员别类 数　量	从事本专业工作时间		
	10 年以上	5 ～ 10 年	5 年以下
管理人员（如下）			
项目经理			
……			
……			
技术人员（如下）			
质检人员			
道路人员			
桥涵人员			
试验人员			
机械人员			
……			

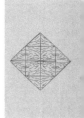

附表 8

拟派往本招标工程项目的负责人与主要技术人员

投标申请人或联合体成员名称：

	职位名称	
1	主要候选人姓名	
	替补候选人姓名	
	职位名称	
2	主要候选人姓名	
	替补候选人姓名	
	职位名称	
3	主要候选人姓名	
	替补候选人姓名	
	职位名称	
4	主要候选人姓名	
	替补候选人姓名	

（人员应包括项目技术负责人，相关专业工程师，预算、合同管理人员，质量、安全管理人员，计划统计人员等）

附表 9

拟派往本招标工程项目的负责人与项目技术负责人简历

投标申请人或联合体成员名称：

职位：		候选人 □主要；□替补	
候选人资料	候选人姓名	出生年月　年　月	
	执业或职业资格		
	学历	职称	
	职务	工作年限	
自	至	公司/项目/职务/有关技术及管理经验	
年　　月	年　　月		
年　　月	年　　月		
年　　月	年　　月		

（附技术职称或等级证书复印件）

附表 10

拟派往本招标工程项目的主要施工设备情况

投标申请人或联合体成员名称：

设备名称		
设备资料	1. 制造商	2. 型号及定额功率
	3. 生产能力	4. 制造年代
目前状况	5. 目前位置 6. 目前及未来工程拟参与情况详述	
来源	7. □自有；□购买；□租赁；□专门生产	
所有者	所有者名称	
	所有者地址	
	电话：	联系人及职务
	传真：	电传：
协议	（特为本项目所签的购买/租赁/制造协议）	

附表 11

现场组织机构情况

现场组织机构框架图

现场组织机构框架图文字详述

总部与现场管理部门之间的关系详述

附表 12

拟分包企业情况

（工程名称）　　　　工程

企业名称	
企业地址	
拟分包工程	
分包理由	

近三年已完成的类似工程

工程名称	地点	总包单位	分包范围	履约情况

（每个拟分包企业应分别填写本表）

（三）出售招标文件

1. 出售的对象

资格预审时，预审合格的单位；资格后审时，愿意参加投标的单位。

2. 招标文件的修改或补充

均应经过招投标管理机构审查同意后并在投标截止日期前，同时发给所有投标单位。

（四）勘察现场

（1）时间安排：投标预备会的前 1 ～ 2 天。

（2）问题处理：均以书面形式。

（3）介绍的内容：施工现场是否达到招标文件规定的条件；施工现场的地理位置和地形、地貌；地质、土质、地下水位、水文情况；施工现场的气候条件、环境条件；临时设施的搭建等。

（五）投标预备会

（1）时间：发出招标文件的 7 天后，28 天以前的任何一天。

（2）主持：招标单位。

（3）对参加人员的要求：签到登记。

（4）澄清招标文件中的疑问和解答投标单位提出的问题（书面、口头）；对图纸进行交底和解释，并形成会议记录或纪要，发给投标单位。

（六）投标文件的递交和接收，开标

1. 递交

在投标截止时间前按规定的地点递交至招标单位（或招标办），在递交投标文件之后，投标截止日期之前，投标单位可以对递交的投标文件进行修改和撤回，但所递交的修改或撤回通知必须按招标文件的规定进行编制、密封和标识。

2. 接收

在投标截止前，招标单位应做好投标文件的接收工作，在接收中应注意核对投标文件是否按招标文件的规定进行密封和标识，并做好接收时间的记录等。在开标前，应妥善保管好投标文件、修改和撤回通知等投标资料。由招标单位管理的投标文件需经招投标管理机构密封或送招投标管理机构统一保管。

3. 开标

（1）主持：招标单位。

（2）时间、地点：招标文件规定的。

（3）参加的人员：投标单位的法定代表人或其授权的代理人、招标管理机构、公证人员等。

（4）会议程序

①主持人宣布开标会议开始。

②投标单位代表确认其投标文件的密封完整性，并签字予以确认。

③宣读招标单位法定代表人资格证明书及授权委托书。

④介绍参加开标会议的单位和人员名单。

⑤宣布公证、唱标、评标、记录人员名单。

⑥宣布评标原则、评标办法。

⑦由招标单位检验投标单位提交的投标单位和资料，并宣读核查结果。

⑧宣读投标单位的投标报价、工期、质量，主要材料用量、投标保证金、优惠条件等。

⑨宣读评标期间的有关事项。

⑩会议结束。

（七）评标、定标、中标和合同签订

1．评标的程序

（1）评标组织成员审阅投标文件，其主要内容包括：

①投标文件的内容是否实质上响应招标文件的要求；

②投标文件正副本之间的内容是否一致；

③投标文件是否有重大的漏项、缺项。

（2）根据评标办法实施细则的规定进行评标。

（3）评标组织负责人对评标结果进行校核，确定无误后，按优劣或得分高低进行排列。

（4）评标组织根据评标情况写出评标报告。

2．定标的方式

（1）招标人定标：招标人对评标组织提交的评标报告复核后，提出中标人选，报招投标管理机构核准，确认中标人。

（2）招标人委托评标组织定标：评标组织应将评标结果排名第一的投标人列为中标人选，报招投标管理机构核准，确定中标人。

（3）凡委托评标组织定标的，投标人不得以任何理由否定中标结果。

3．定标的时间要求

开标当天定标的项目，可复会宣布中标人。

开标当天不能定标的项目：自开标之日起一般不超过 7 天定标；结构复杂的大型工程不超过 14 天定标。特殊情况下经招投标管理机构同意可适当延长。

4．中标通知书的发放

定标后招标人应在 5 天内到招投标管理机构办理中标通知书，发给中标人，同时通知未中标人在 1 周内退回招标文件及图纸，招标人返还投标保证金。

5．签订合同

中标通知书发出后，中标人应在规定期限内（结构不太复杂的中小型工程 7 天，结构复杂的大型工程 14 天），按指定的时间和指定的地点，依据《中华人民共和国合同法》、《建设工程施工合同管理办法》的规定，依据招标文件、投标文件与招标人签订施工合同，同时按照招标文件的约定提交履约担保，领取投标保证金。

若招标人拒绝与中标人签订合同，除双倍返还投标保证金、赔偿有关损失外，还需补签施工合同；若中标人无正当理由拒绝签订施工合同，经招投标管理机构同意后，招标人有权取消其中标资格，并没收其投标保证金。

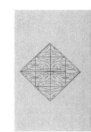

四、评标定标办法

（一）评标定标办法的确定

评标定标工作应严格按照开标前宣布的评标定标办法进行，开标后不得变更。

（二）评标小组成员的组成

评标小组成员一般由 5 人以上单数组成。其中技术、经济等方面的专家不得少于成员总数的三分之二。

（三）评标定标的方法

在评标过程中，评标组织认为需要，在招投标管理机构人员在场的情况下，可要求投标单位对其投标文件中的有关问题进行澄清或提供补充说明及有关资料，投标人应作出书面答复。但书面答复中不得变更价格、工期、自报质量等级等实质性内容，书面答复须经法定代表人或其授权委托的代理人签字或盖章。该书面答复将作为投标文件的组成部分。

评标完成后，评标组织的负责人对评标结果进行校核，确定无误后，按优劣或得分高低进行排列。评标组织根据评标情况写出评标报告。最后确定中标人。

评标小组应采用下列办法进行评标、定标。

1. 单因素评标定标法

单因素评标定标法是仅对投标单位所报报价进行评标，选其中最低标价中标的一种评标方法。凡住宅楼工程，不论造价高低、面积大小，均应采用单因素评标定标法，选定中标单位。具体办法如下：

（1）筛选有效标价：凡投标报价的直接费与标底直接费相比较，超出（或低于）标底直接费的规定幅度的投标报价为无效报价。

（2）按直接费进行第一轮筛选后，再按总报价进行第二轮筛选。凡标价总额与标底总额比较，超出（或低于）标底价总额一定幅度的投标报价为无效报价。经第一轮筛选的无效报价不再进行第二轮筛选。

（3）在满足招标文件对工期（不考虑投标单位自报的工期提前因素）质量要求的前提下，在经过第二轮筛选确定的有效报价范围内选最低标价中标。

2. 综合打分评标定标法

综合打分法是对投标单位所报标价、主要装饰材料用量、工期、质量、施工方案、企业信誉进行评议打分，以得分（平均分）高低确定中标单位的方法。其具体操作方法如下：

（1）筛选有效标价：凡投标报价的直接费超出（或低于）标底直接费的规定幅度的（如超出标底 3% 或低于标底 4%），为无效标价。

（2）评分项目及标准参见表 6-3。

（3）评分办法（以下数据仅供参考）。

①标价分基本分为 60 分。

投标总价每高于标底总价 1%，标价分减 2 分；超过标底总价 3% 时，标价为 0 分。

投标总价每低于标底总价 1% 时，标价分减 1 分；低于标底总价 4% 时，标价为 0 分。

表 6－3　评分项目及标准

项目		子项	基本分
商务标部分	标价		60
技术标部分	主要装饰材料		10
	质量		10
	工期		5
	施工组织设计		10
	企业信誉		5
	合计		100

②主要装饰材料数量分，基本分为 10 分。

一般根据具体装饰工程来确定：投标报价某材料总量与标底总量比较，误差在规定范围内的得规定的分数（评标前定出），超出规定误差范围得 0 分。

③工程质量分，基本分为 10 分。

投标报价质量等级为合格时，工程质量分得 10 分，为优良时再加 5 分。开标之日起往前推，2 年内施工单位每施工一个优良工程加 1 分。

本地施工企业须持市质量监督站颁发的优良工程证书，外地施工企业须持工程所在地政府质检部门颁发的优良工程证书。所有投标单位所持优良工程证书均要有发证单位盖章证明施工该工程的施工单位名称及项目经理姓名。凡弄虚作假者，一经查出，2 年内取消其投标资格。

④工期分，基本分为 5 分。

投标所报工期，满足招标文件要求的，工期得 5 分，每提前 10 天加 1 分（每提前 1 天加 0.1 分）。

⑤施工方案和技术措施以能确保工期、质量、安全和环境保护为准，具体分数划分为：

能确保工期：　　　　　　　　　得 2.5 分

能确保投标所报质量等级标准：　得 2.5 分

能确保施工安全：　　　　　　　得 2.5 分

能达到环境保护要求：　　　　　得 2.5 分

施工方案由评标小组中的评标专家负责阅读分析评价，分数由评标专家评定，评标小组其他成员不打施工方案分。

⑥企业信誉分，基本分为5分。

企业信誉主要考虑投标企业的管理、施工技术、机械装备水平，在以往施工中与建设单位的协作配合，重合同守信用情况评分，好者得5分，差者减分，但最多减2分。

评标小组每个成员根据上述评分标准及办法，对每个投标企业各自单独打分（公证处代表不参与打分），并将分数填入评分记录表。不按评分标准和办法打分的为无效评分。评分表填好后，由公证处代表收集核对张数无误后，逐张宣读评分结果，确认有效评分，剔除无效评分。然后将各张记分表上各投标企业的得分总和除以记分表张数，以平均得分最高者为中标单位。评分记分表的格式参见表6-4。

表6-4　评分记分表

评分项目标价分		基本分60	与标底比较	加分	减分	单项得分
主要装饰材料分						
	（总10）					
工程质量分	合格	10				
	优良					
	2年内优良工程个数					
工期分	工期满足要求	5				
	工期提前					
施工方案分	能确保工期	2.5				
	能确保质量等级	2.5				
	能确保施工安全	2.5				
	能达到环境要求	2.5				
企业信誉分		5				
合计总得分						

3. 综合评议法

特殊工程可采用综合评议法。综合评议法是在充分阅读标书，认真分析标书优劣的基础上，评标小组成员经过充分讨论确定中标单位的一种方法。

（1）确定中标单位的标准

①投标报价较低，且报价合理；

②对招标文件认可程度高；

③报价工程质量等级高，工期短；

④施工方案和技术措施切实可行，能确保工期、质量、安全，环保措施好；

⑤施工企业管理、施工技术、装备水平高，与建设单位协作配合好，重合同、守信用。

（2）综合评议的方法

①筛选有效报价，先按定额直接费筛选，凡投标报价的定额直接费与标底定额直接费比较，超过（或低于）规定幅度时为无效报价，对其标书不再评议。按定额直接费进行初选后，再按投标总价进行第二轮筛选。凡投标报价总额与标底价总额比较，超过（或低于）标底价总额的一定幅度时，为无效报价，对其不再进行评议。凡按定额直接费筛选后确定其为无效报价的不再进行第二轮筛选。

②在经过第二轮筛选后确定的有效报价中，选取最低报价，再按评议标准中的后四项标准（即上述确定中标单位标准的第②～⑤条），逐项对照，若全部符合，即可确定其为中标单位。

③若按评议标准的后四项对照，最低报价不能全部符合要求时，可选次低报价，对照后四项标准进行评议，若能符合，则可选其为中标单位。

④若最低报价与次低报价与后四项标准对照都不能全部符合时，选其中最优者为中标单位。

⑤中标单位只能在最低报价与次低报价中选。

⑥施工方案与技术措施的评议，由评标专家进行，评标小组其他成员只能听取专家评议意见，不参与评议，以评标专家评议意见为准。

五、施工投标的主要工作

（一）工程计价

1. 熟悉招标文件

投标人在收到招标文件时应经过认真核对后予以确认；有疑问或有不清楚的问题需要解释，应在收到招标文件7日内以书面形式向招标单位提出，招标单位应以书面形式向投标单位作出解答。报价人员应认真熟悉和掌握招标文件的内容和精神，认真研究工程的内容、特点、范围、工程量、工期、质量、责任及合同条款。

2. 了解施工现场、确定施工方案

调查了解装饰工程施工现场的施工条件，当地劳动力资源及材料资源，调查各种材料、设备价格，包括国内或进口的各种装饰材料的价格及质量，真正做到对工程实际情况和目前市场行情了如指掌。通过详细的现场调查资料，对施工方案进行技术经济比

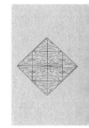

较，选择最优施工方案。

3. 复核或计算工程量

若招标文件已经给出实物工程量清单，在进行报价计算前应进行复核。发现问题应以书面形式提出质疑。如不能得到肯定答复，一般不能任意更改，可在投标函中加以说明或在中标后签订合同时再加以纠正。

若招标文件没有给出实物工程量清单，则应根据给定的图纸，按照定额计算规则，计算出相应的工程量。

4. 计算分项工程综合单价

计算分项工程综合单价应以现行装饰工程预算定额或单位估价表为基础，再结合施工企业的施工技术和管理水平作出适当调整，一般主要是向下浮动，以提高报价的竞争力。

（1）基础单价的计算

人工工资和机械台班单价，一般按现行装饰工程预算定额或单位估价表来计算。材料和设备按招标文件规定的供应方式分别确定预算价格。对施工企业自选采购的各种材料和设备，应按材料的来源、市场价格信息，并考虑价格变动因素综合分析，确定符合实际情况的预算价格。

（2）确定人工、材料、机械消耗量

应以现行装饰工程预算定额或单位估价表规定的"三量"为基础，结合施工企业的实际确定人工、材料、机械的消耗量。

（3）计算分项工程单价

将基础单价乘以相应的消耗量，即得各分项工程单价。再把各分项工程单价汇编成表，即编制分项工程单价表，以备报价使用。

5. 计算基础报价

（1）计算直接费

将分项工程量乘以相应的各分项工程单价，汇总后再加上其他直接费，即得到整个装饰工程的总的直接费。

（2）计算间接费

在报价计算中，间接费的计算一般均按当地现行间接费取费标准计算，但为了使报价具有竞争力，应结合企业的实际管理水平，实际测算得出间接费。

（3）计算利润和税金

利润应按规定并根据企业实际情况及投标竞争形势合理确定。

税金应按当地规定进行计算。

影响装饰工程报价的因素很多，应结合投标工程的特点，充分考虑一些不可预见的费用，如装饰级别提高、难度大而带来的风险费；材料品种的更新和发展而使材料费不断变化，应考虑材料的浮动费等。

将已计算出的直接费、间接费、利润、税金和不可预见费等进行汇总，即可得到装饰工程的造价。对造价进一步分析和调整，使报价准确合理，并根据本企业的实际和竞争形势，确定基础报价。

6. 报价决策

在投标实践中，基础报价不一定就是最终报价，还要进行工程成本、风险费、预期利润等多方面的分析，考虑实际和竞争形势，确定投标策略和报价技巧，由企业决策者作出报价决策。投标报价的策略和技巧，一般有以下几种：

（1）免担风险，增大报价

对于装饰情况复杂、技术难度较大，采用新材料、新工艺等没有把握的工程项目，可采取增大报价以减少风险，但此法的中标机会可能较小。

（2）多方案报价

由于招标文件不明确或本身有多方案存在，投标企业可作多方案报价，最后与招标方协商处理。

（3）活口报价

在工程报价中留下一些活口，表面上看报价很低，但在投标报价中附加多项附注或说明，留在施工过程中处理（如工程变更、现场签证、工程量增加），其结果不是低价，而是高价。

（4）薄利保本报价

由于招标条件优越，有类似工程施工经验，而且在企业任务不饱满的情况下，为了争取中标，可采取薄利保本报价的策略，以较低的报价水平报价。

（5）亏损报价

亏损报价一般在以下特殊情况下采用：企业无施工任务，为减少亏损而争取中标；企业为了创牌子，采取先亏后盈的策略；企业实力雄厚，为了开辟某一地区的市场，采取以东补西的策略。

（6）合理化建议

投标企业对设计方案中技术经济不尽合理处提出中肯建议，"若作×××修改，则造价可降低×××"，这样必然会引起招标单位的注意和好感。

（7）服务报价

此报价策略与上述几种不同，它不改变报价，而是扩大服务范围，以取得招标单位的信任，争取中标。如：扩大供料范围、提高质量等级、延长保修时间等。

（二）投标文件的编制与递交

1. 投标文件的编制

投标文件应完全按照招标文件的各项要求编制，主要包括以下内容：

①投标书；
②投标书附录；
③投标保证金；
④法定代表人资格证明书；
⑤授权委托书；
⑥具有标价的工程量清单与报价表；
⑦施工组织设计；
⑧辅助资料表；

⑨资格审查表（资格预审时，此表略）；

⑩对招标文件中的合同协议条款内容的确认和响应；

⑪按招标文件规定提交的其他资料。

2. 递交

在投标截止时间前按规定的地点递交至招标单位，在递交投标文件之后，投标截止日期之前，投标单位可以对递交的投标文件进行修改、更正和撤回，但所递交的修改或撤回通知必须按招标文件的规定进行编制、密封和标识，并作为投标文件的组成部分。

附 《中华人民共和国招标投标法》

（1999 年 8 月 30 日第九届全国人民代表大会
常务委员会第十一次会议通过）

第一章 总 则

第一条 为了规范招标投标活动，保护国家利益、社会公共利益和招标投标活动当事人的合法权益，提高经济效益，保证项目质量，制定本法。

第二条 在中华人民共和国境内进行招标投标活动，适用本法。

第三条 在中华人民共和国境内进行下列工程建设项目，包括项目的勘察、设计、施工、监理以及与工程建设有关的重要设备、材料等的采购，必须进行招标：

（一）大型基础设施、公用事业等关系社会公共利益、公众安全的项目；

（二）全部或者部分使用国有资金投资或者国家融资的项目；

（三）使用国际组织或者外国政府贷款、援助资金的项目。

前款所列项目的具体范围和规模标准，由国务院发展计划部门制定，报国务院批准。

法律或者国务院对必须进行招标的其他项目的范围有规定的，依照其规定。

第四条 任何单位和个人不得将依法必须进行招标的项目化整为零或者以其他方式规避招标。

第五条 招标投标活动应当遵守公开、公平、公正和诚实信用的原则。

第六条 依法必须进行招标的项目，其招标投标活动不受地区或者部门的限制。

任何单位和个人不得违法限制或者排斥本地区、本系统以外的法人或者其他组织参加投标，不得以任何方式非法干涉招标投标活动。

第七条 招标投标活动及其当事人应当接受依法实施的监督。

有关行政监督部门依法对招标投标活动实施监督，依法查处招标投标活动中的违法行为。

对招标投标活动的行政监督及有关部门的具体职权划分，由国务院规定。

第二章 招 标

第八条 招标人是依照本法规定提出招标项目、进行招标的法人或者其他组织。

第九条　招标项目按照国家有关规定需要履行项目审批手续的，应当先履行审批手续，取得批准。

招标人应当有进行招标项目的相应资金或者资金来源已经落实，并应当在招标文件中如实载明。

第十条　招标分为公开招标和邀请招标。

公开招标，是指招标人以招标公告的方式邀请不特定的法人或者其他组织投标。

邀请招标，是指招标人以投标邀请书的方式邀请特定的法人或者其他组织投标。

第十一条　国务院发展计划部门确定的国家重点项目和省、自治区、直辖市人民政府确定的地方重点项目不适宜公开招标的，经国务院发展计划部门或者省、自治区、直辖市人民政府批准，可以进行邀请招标。

第十二条　招标人有权自行选择招标代理机构，委托办理招标事宜。任何单位和个人不得以任何方式为招标人指定招标代理机构。

招标人具有编制招标文件和组织评标能力的，可以自行办理招标事宜。任何单位和个人不得强制其委托招标代理机构办理招标事宜。

依法必须进行招标的项目，招标人自行办理招标事宜的，应当向有关行政监督部门备案。

第十三条　招标代理机构依法设立、从事招标代理业务并提供相关服务的社会中介组织。

招标代理机构应当具备下列条件：

（一）有从事招标代理业务的营业场所和相应资金；

（二）有能够编制招标文件和组织评标的相应专业力量；

（三）有符合本法第三十七条第三款规定条件、可以作为评标委员会人选的技术、经济等方面的专家库。

第十四条　从事工程建设项目招标代理业务的招标代理机构，其资格由国务院或者省、自治区、直辖市人民政府的建设行政主管部门认定。具体办法由国务院建设行政主管部门会同国务院有关部门制定。从事其他招标代理业务的招标代理机构，其资格认定的主管部门由国务院规定。

招标代理机构与行政机关和其他国家机关不得存在隶属关系或者其他利益关系。

第十五条　招标代理机构应当在招标人委托的范围内办理招标事宜，并遵守本法关于招标人的规定。

第十六条　招标人采用公开招标方式的，应当发布招标公告。依法必须进行招标的项目的招标公告，应当通过国家指定的报刊、信息网络或者其他媒介发布。

招标公告应当载明招标人的名称和地址，招标项目的性质、数量、实施地点和时间以及获取招标文件的办法等事宜。

第十七条　招标人采用邀请招标方式的，应当向三个以上具备承担招标项目的能力、资信良好的特定的法人或者其他组织发出投标邀请书。

投标邀请书应当载明本法第十六条第二款规定的事项。

第十八条　招标人可以根据招标项目本身的要求，在招标公告或者投标邀请书中，

要求潜在投标人提供有关资质证明文件和业绩情况，并对潜在投标人进行资格审查；国家对投标人的资格条件有规定的，依照其规定。

招标人不得以不合理的条件限制或者排斥潜在投标人，不得对潜在投标人实行歧视待遇。

第十九条　招标人应当根据招标项目的特点和需要编制招标文件。招标文件应当包括招标项目的技术要求、对投标资格审查的标准、投标报价要求和评标标准等所有实质性要求和条件以及拟签订合同的主要条款。国家对招标项目的技术、标准有规定的，招标人应当按照其规定在招标文件中提出相应要求。

招标项目需要划分标段、确定工期的，招标人应当合理划分标段、确定工期，并在招标文件中载明。

第二十条　招标文件不得要求或者标明特定的生产供应者以及含有倾向或者排斥潜在投标人的其他内容。

第二十一条　招标人根据招标项目的具体情况，可以组织潜在投标人踏勘项目现场。

第二十二条　招标人不得向他人透露已获取招标文件的潜在投标人的名称、数量以及可能影响公平竞争的有关招标投标的其他情况。

招标人设有标底的，标底必须保密。

第二十三条　招标人对已发出的招标文件进行必要的澄清或者修改的，应当在招标文件中要求提交投标文件截止时间至少十五日前，以书面形式通知所有招标文件收受人。该澄清或者修改的内容为招标文件的组成部分。

第二十四条　招标人应当确定投标人编制投标文件所需要的合理时间；但是，依法必须进行招标的项目，自招标文件开始发出之日起至投标人提交投标文件截止之日止，最短不得少于二十日。

第三章　投　　标

第二十五条　投标人是响应招标、参加投标竞争的法人或者其他组织。

依法招标的科研项目允许个人参加投标的，投标的个人适用本法有关投标人的规定。

第二十六条　投标人应当具备承担招标项目的能力；国家有关规定对投标人资格条件或者招标文件对投标人资格条件有规定的，投标人应当具备规定的资格条件。

第二十七条　投标人应当按照招标文件的要求编制投标文件。投标文件应当对招标文件提出的实质性要求和条件作出响应。

招标项目属于建设施工的，投标文件的内容应当包括拟派出的项目负责人与主要技术人员的简历、业绩和拟用于完成招标项目的机械设备等。

第二十八条　投标人应当在招标文件要求提交投标文件的截止时间前，将投标文件送达投标地点。招标人收到投标文件后，应当签收保存，不得开启。投标人少于三个的，招标人应当依照本法重新招标。

在招标文件要求提交投标文件的截止时间后送达的投标文件，招标人应当拒收。

第二十九条 投标人在招标文件要求提交投标文件的截止时间前，可以补充、修改或者撤回已提交的投标文件，并书面通知招标人。补充、修改的内容为投标文件的组成部分。

第三十条 投标人根据招标文件载明的项目实际情况，拟在中标后将中标项目的部分非主体、非关键性工作进行分包的，应当在投标文件中载明。

第三十一条 两个以上法人或者其他组织可以组成一个联合体，以一个投标人的身份共同投标。

联合体各方均应当具备承担招标项目的相应能力；国家有关规定或者招标文件对投标人资格条件有规定的，联合体各方均应当具备规定的相应资格条件。由同一专业的单位组成的联合体，按照资质等级较低的单位确定资质等级。

联合体各方应当签订共同投标协议，明确约定各方拟承担的工作和责任，并将共同投标协议连同投标文件一并提交招标人。联合体中标的，联合体各方应当共同与招标人签订合同，就中标项目向招标人承担连带责任。

招标人不得强制投标人组成联合体共同投标，不得限制投标人之间的竞争。

第三十二条 投标人不得相互串通投标报价，不得排挤其他投标人的公平竞争，损害招标人或者其他投标人的合法权益。

投标人不得与招标人串通投标，损害国家利益、社会公共利益或者他人的合法权益。

禁止投标人以向招标人或者评标委员会成员行贿的手段谋取中标。

第三十三条 投标人不得以低于成本的报价竞标。也不得以他人名义投标或者以其他方式弄虚作假，骗取中标。

第四章 开标、评标和中标

第三十四条 开标应当在招标文件确定的提交投标文件截止时间的同一时间公开进行；开标地点应当为招标文件中预先确定的地点。

第三十五条 开标由招标人主持，邀请所有投标人参加。

第三十六条 开标时，由投标人或者其推选的代表检查投标文件的密封情况，也可以由招标人委托的公证机构检查并公证；经确认无误后，由工作人员当众拆封，宣读投标人名称、投标价格和投标文件的其他主要内容。

招标人在招标文件要求提交投标文件的截止时间前收到的所有投标文件，开标时都应当当众予以拆封、宣读。

开标过程应当记录，并存档备查。

第三十七条 评标由招标人依法组建的评标委员会负责。

依法必须进行招标的项目，其评标委员会由招标人的代表和有关技术、经济等方面的专家组成，成员人数为五人以上单数，其中技术、经济等方面的专家不得少于成员总数的三分之二。

前款专家应当从事相关领域工作满八年并具有高级职称或者具有同等专业水平，由招标人从国务院有关部门或者省、自治区、直辖市人民政府有关部门提供的专家名册或

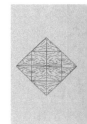

者招标代理机构的专家库内的相关专业的专家名单中选定；一般招标项目可以采取随机抽取方式，特殊招标项目可以由招标人直接确定。

与投标人有利害关系的人不得进入相关项目的评标委员会；已经进入的应当更换。

评标委员会成员的名单在中标结果确定前应当保密。

第三十八条　招标人应当采取必要的措施，保证评标在严格保密的情况下进行。

任何单位和个人不得非法干预、影响评标的过程和结果。

第三十九条　评标委员会可以要求投标人对投标文件中含义不明确的内容作必要的澄清或者说明，但是澄清或者说明不得超出投标文件的范围或者改变投标文件的实质性内容。

第四十条　评标委员会应当按照招标文件确定的评标标准和方法，对投标文件进行评审和比较；设有标底的，应当参考标底。评标委员会完成评标后，应当向招标人提交书面评标报告，并推荐合格的中标候选人。

招标人根据评标委员会提出的书面评标报告和推荐的中标候选人确定中标人。招标人也可以授权评标委员会直接确定中标人。

国务院对特定招标项目的评标有特别规定的，从其规定。

第四十一条　中标人的投标应当符合下列条件之一：

（一）能够最大限度地满足招标文件中规定的各项综合评标标准。

（二）能够满足招标文件的实质性要求，并且经评审的投标价格最低；但是投标价格低于成本的除外。

第四十二条　评标委员会经评审，认为所有投标都不符合招标文件要求的，可以否决所有投标。

依法必须进行招标的项目的所有投标被否决的，招标人应当依照本法重新招标。

第四十三条　在确定中标人前，招标人不得与投标人就投标价格、投标方案等实质性内容进行谈判。

第四十四条　评标委员会成员应当客观、公正地履行职务，遵守职业道德，对所提出的评审意见承担个人责任。

评标委员会成员不得私下接触投标人，不得收受投标人的财物或者其他好处。评标委员会成员和参与评标的有关工作人员不得透露对投标文件的评审和比较、中标候选人的推荐情况以及与评标有关的其他情况。

第四十五条　中标人确定后，招标人应当向中标人发出中标通知书，并同时将中标结果通知所有未中标的投标人。

中标通知书对招标人和中标人具有法律效力。中标通知书发出后，招标人改变中标结果的，或者中标人放弃中标项目的，应当依法承担法律责任。

第四十六条　招标人和中标人应当自中标通知书发出之日起三十日内，按照招标文件和中标人的投标文件订立书面合同。招标人和中标人不得再行订立背离合同实质性内容的其他协议。

招标文件要求中标人提交履约保证金的，中标人应当提交。

第四十七条　依法必须进行招标的项目，招标人应当自确定中标人之日起十五日

内，向有关行政监督部门提交招标投标情况的书面报告。

第四十八条 中标人应当按照合同约定履行义务，完成中标项目。中标人不得向他人转让中标项目，也不得将中标项目肢解后分别向他人转让。

中标人按照合同约定或者经招标人同意，可以将中标项目的部分非主体、非关键性工作分包给他人完成，接受分包的人应当具备相应的资格条件，并不得再次分包。

中标人应当就分包项目向招标人负责，接受分包的人就分包项目承担连带责任。

第五章 法律责任

第四十九条 违反本法规定，必须进行招标的项目而不招标的，将必须进行招标的项目化整为零或者以其他任何方式规避招标的，责令限期改正，可以处项目合同金额千分之五以上千分之十以下的罚款；对全部或者部分使用国有资金的项目，可以暂停项目执行或者暂停资金拨付；对单位直接负责的主管人员和其他直接责任人员依法给予处分。

第五十条 招标代理机构违反本法规定，泄露应当保密的与招标投标活动有关的情况和资料的，或者与招标人、投标人串通损害国家利益、社会公共利益或者他人合法权益的，处五万元以上二十五万元以下的罚款，对单位直接负责的主管人员和其他责任人员处单位罚款数额百分之五以上百分之十以下的罚款；有违法所得的，并处没收违法所得；情节严重的，暂停直至取消招标代理资格；构成犯罪的，依法追究刑事责任。给他人造成损失的，承担赔偿责任。

前款所列行为影响中标结果的，中标无效。

第五十一条 招标人以不合理的条件限制或者排斥潜在投标人的，对潜在投标人实行歧视待遇的，强制要求投标人组成联合体共同投标的，或者限制投标人之间竞争的，责令改正，可以处一万元以上五万元以下的罚款。

第五十二条 必须进行招标的项目的招标人向他人透露已获取招标文件的潜在投标人的名称、数量或者可能影响公平竞争的有关招标投标的其他情况的，或者泄露标底的，给予警告，可以并处一万元以上十万元以下的罚款；对单位直接负责的主管人员和其他直接责任人员依法给予处分；构成犯罪的，依法追究刑事责任。

前款所列行为影响中标结果的，中标无效。

第五十三条 投标人相互串通投标或者与招标人串通投标的，投标人以向招标人或者评委会成员行贿的手段谋取中标的，中标无效，处中标项目金额千分之五以上千分之十以下的罚款，对单位直接负责的主管人员和其他直接责任人员处单位罚款数额百分之五以上百分之十以下的罚款；有违法所得的，并处没收违法所得；情节严重的，取消其一年至二年内参加依法必须进行招标的项目的投标资格并予以公告，直至由工商行政管理机构吊销营业执照；构成犯罪的，依法追究刑事责任。给他人造成损失的，依法承担赔偿责任。

第五十四条 投标人以他人名义投标或者以其他方式弄虚作假，骗取中标的，中标无效，给招标人造成损失的，依法承担赔偿责任；构成犯罪的，依法追究刑事责任。

依法必须进行招标的项目的投标人有前款所列行为尚未构成犯罪的，处中标项目金

额千分之五以上千分之十以下的罚款，对单位直接负责的主管人员和其他直接责任人员处单位罚款数额百分之五以上百分之十以下的罚款；有违法所得的，并处没收违法所得；情节严重的，取消其一年至三年内参加依法必须进行招标的项目的投标资格并予以公告，直至由工商行政管理机构吊销营业执照。

第五十五条　依法必须进行招标的项目，招标人违反本法规定，与投标人就投标价格、投标方案等实质性内容进行谈判的，给予警告，对单位直接负责的主管人员和其他直接责任人员依法给予处分。

前款所列行为影响中标结果的，中标无效。

第五十六条　评标委员会成员收受投标人财物或者其他好处的，评标委员会成员或者参加评标的有关工作人员向他人透露对投标文件的评审和比较、中标候选人的推荐以及与评标有关的其他情况的，给予警告，没收收受的财物，可以并处三千元以上五万元以下的罚款，对有所列违法行为的评标委员会成员取消担任评标委员会成员的资格；构成犯罪的，依法追究刑事责任。

第五十七条　招标人在评标委员会依法推荐的中标候选人以外确定中标人的，依法必须进行招标的项目在所有投标被评标委员会否决后自行确定中标人的，中标无效，责令改正；可以处中标项目金额千分之五以上千分之十以下的罚款；对单位直接负责的主管人员和其他直接责任人员依法给予处分。

第五十八条　中标人将中标项目转让给他人的，将中标项目肢解后分别转让给他人的，违反本法规定将中标项目的部分主体、关键性工作分包给他人的，或者分包人再次分包的，转让、分包无效，处转让、分包项目金额千分之五以上千分之十以下的罚款；有违法所得的，并处没收违法所得；可以责令停业整顿；情节严重的，由工商行政管理机关吊销营业执照。

第五十九条　招标人与中标人不按照招标文件和中标人的投标文件订立合同的，或者招标人、中标人订立背离合同实质性内容的协议的，责令改正；可以处中标项目金额千分之五以上千分之十以下的罚款。

第六十条　中标人不履行与招标人订立的合同的，履约保证金不予退还，给招标人造成损失超过履约保证金数额的，还应当对超过部分予以赔偿；没有提交履约保证金的，应当对招标人的损失承担赔偿责任。

中标人不按照与招标人订立的合同履行义务，情节严重的，取消其二年至五年内参加依法必须进行招标的项目的投标资格并予以公告，直至由工商行政管理机关吊销营业执照。

因不可抗力不能履行合同的，不适用前两款规定。

第六十一条　本章规定的行政处罚，由国务院规定的有关行政监督部门决定。本法已对实施行政处罚的机关作出规定的除外。

第六十二条　任何单位违反本法规定，限制或者排斥本地区、本系统以外的法人或者其他组织参加投标的，为招标人指定招标代理机构，强制招标人委托招标代理机构办理招标事宜的，或者以其他方式干涉招标投标活动的，责令改正；对单位直接负责的主管人员和其他直接责任人员依法给予警告、记过、记大过的处分，情节较重的，依法给予降级、撤职、开除的处分。

个人利用职权进行前款违法行为的，依照前款规定追究责任。

第六十三条 对招标投标活动依法负有行政监督职责的国家机关工作人员徇私舞弊、滥用职权或者玩忽职守，构成犯罪的，依法追究刑事责任；不构成犯罪的，依法给予行政处分。

第六十四条 依法必须进行招标的项目违反本法规定，中标无效的，应当依照本法规定的中标条件从其余投标人中重新确定中标人或者依照本法重新进行招标。

<h2 style="text-align:center">第六章 附 则</h2>

第六十五条 投标人和其他利害关系人认为招标投标活动不符合本法规定的，有权向招标人提出异议或者依法向有关行政监督部门投诉。

第六十六条 涉及国家安全、国家秘密、抢险救灾或者属于利用扶贫资金实行以工代赈、需要使用农民工等特殊情况，不适宜进行招标的项目，按照国家有关规定可以不进行招标。

第六十七条 使用国际组织或者外国政府贷款、援助资金的项目进行招标，贷款方、资金提供方对招标投标的具体条件和程序有不同规定的，可以适用其规定，但违背中华人民共和国的社会公共利益的除外。

第六十八条 本法自 2000 年 1 月 1 日起施行。

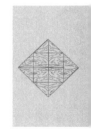

第七章　建设工程施工合同和工程索赔

第一节　建设工程施工合同

一、建设工程施工合同类型及选择

（一）建设工程施工合同类型

1．以付款方式进行划分

以付款方式进行划分，建设工程施工合同可分为以下几种：

（1）总价合同

总价合同是指在合同中确定一个完成项目的总价，承包单位据此完成项目全部内容的合同。

这种合同类型能够使建设单位在评标时易于确定报价最低的承包商、易于进行支付计算。但这类合同仅适用于工程量不太大且能精确计算、工期较短、技术不太复杂、风险不大的项目。因而采用这种合同类型要求建设单位必须准备详细而全面的设计图纸（一般要求施工详图）和各项说明，使承包单位能准确计算工程量。如普通的建筑工程、一般的装饰工程等都可以采用此类合同。

（2）单价合同

单价合同是承包单位在投标时，按招标文件就分部分项工程所列出项目确定其单价，再根据工程量表确定各分部分项工程费用的合同类型，此类合同的工程量有较大的不确定因素。

这类合同的适用范围比较宽，可以用于一般的中小型工程，也可以用于大型的、复杂的工程，其风险可以得到合理的分摊，并且能鼓励承包单位通过提高工效等手段从成本节约中提高利润。这类合同能够成立的关键在于双方对单价和工程量计算方法的确认。在合同履行中需要注意的问题则是双方对实际工程量的计量和确认。

（3）成本加酬金合同

成本加酬金合同，是由业主向承包单位支付工程项目的实际成本，并按事先约定的某一种方式支付酬金的合同类型。在这类合同中，业主需承担项目实际发生的一切费用，因此也就承担了项目的全部风险。而承包单位由于无风险，其报酬往往也较低。

这类合同的缺点是业主对工程总造价不易控制，承包商也往往不注意降低项目成本。这类合同主要适用于以下项目：①需要立即开展工作的项目，如震后的救灾工作；②新型的工程项目，或对项目工程内容及技术经济指标未确定；③风险很大的项目。

2. 以合同计价方式划分

以合同计价方式划分，在我国《建设工程施工合同（示范文本）》中，考虑到我国的具体情况和工程计价的有关管理规定，确定有固定价格合同、可调价格合同和成本加酬金合同。从我国工程造价的改革趋势看，将来单价合同也会不断增加。

（1）固定价格合同

固定价格合同是指合同中确定的工程合同价在实施期间不因价格变化而调整的合同类型。固定价格合同可以分为固定总价合同和固定单价合同。

固定总价合同是指承包工程总价已确定，在实施期间不因物价上涨而调整的合同，此类合同对发包人而言可以大体上确定投资数额，在工程施工过程中有效地控制资金的使用。但对承包人来说，要承担物价上涨、气候条件恶劣等风险，因此合同价款一般要高一些。对于工期不长（一年左右）、工程量可以准确确定的中小型工程，发包人和承包人都乐意采用此类合同。

固定单价合同是指承包工程中各项单价在实施期间不因物价上涨而调整的合同，工程在每一阶段结算时，根据实际完成的工程量来结算，直至竣工结算。此类合同适用于工程量不确定因素多、工期不长的工程。

（2）可调价格合同

可调价格合同是指合同中确定的工程合同价在实施期间可因价格变化而调整的合同类型。可调价格合同可以分为可调总价合同和可调单价合同。

可调总价合同是指承包工程已根据招标文件要求和当时的物价计算确定总价，在实施期间，如物价上涨到某一限度时，合同总价则作相应调整的合同类型。此类合同使发包人承担通货膨胀的风险，承包人则承担其他风险。一般适用于工程量确定、工期较长（一年以上）的工程。

可调单价合同，是指根据招标文件要求和当时的物价暂定某些分部分项工程单价，在工程结算时，再根据实际的物价水平结合合同约定条款对单价进行调整，确定实际结算价的合同类型。此类合同一般适用于工程量不够确定、工期较长（一年以上）的工程。

（二）建设工程施工合同类型的选择

合同类型的选择，这里仅指以付款方式划分的合同类型的选择，合同的内容视为不可选择。选择合同类型应考虑以下因素。

1. 项目规模和工期长短

如果项目的规模较小、工期较短，则合同类型的选择余地较大，总价合同、单价合同及成本加酬金合同都可选择。由于选择总价合同业主可以不承担风险，业主较愿选用；对这类项目，承包商同意采用总价合同的可能性较大，因为这类项目风险小，不可预测因素少。

如果项目规模大、工期长，则项目的风险也大，合同履行中的不可预测因素也多。这类项目不宜采用总价合同。

2. 项目的竞争情况

如果在某一时期和某一地点，愿意承包某一项目的承包商较多，则业主拥有较多的主动权，可按照总价合同、单价合同、成本加酬金合同的顺序进行选择。如果愿意承包项目的承包商较少，则承包商拥有的主动权较多，可以尽量选择承包商愿意采用的合同类型。

3. 项目的复杂程度

如果项目的复杂程度较高，则意味着：①对承包商的技术水平要求高；②项目的风险较大。因此，承包商对合同的选择有较大的主动权，总价合同被选用的可能性较小。如果项目的复杂程度低，则业主对合同类型的选择握有较大的主动权。

4. 项目的单项工程的明确程度

如果单项工程的类别和工程量都已十分明确，则可选用的合同类型较多，总价合同、单价合同、成本加酬金合同都可以选择。如果单项工程的分类已详细而明确，但实际工程量与预计的工程量可能有较大出入，则应优先选择单价合同，此时单价合同为最合理的合同类型。如果单项工程的分类和工程量不甚明确，则无法采用单价合同。

5. 项目准备时间的长短

项目的准备包括业主的准备工作和承包商的准备工作。对于不同的合同类型，他们分别需要不同的准备时间和准备费用。总价合同需要的准备时间和准备费用最低，成本加酬金合同需要的准备时间和准备费用最高。对于一些非常紧急的项目如抢险救灾等项目，给予业主和承包商的准备时间都非常短，因此，只能采用成本加酬金的合同形式。反之，则可采用单价或总价合同形式。

6. 项目的外部环境因素

项目的外部环境因素包括：项目所在地区的政治局势是否稳定，经济局势因素（如通货膨胀、经济发展速度等），劳动力素质（当地），交通、生活条件等。如果项目的外部环境恶劣则意味着项目的成本高、风险大、不可预测的因素多，承包商很难接受总价合同方式，而较适合采用成本加酬金合同。

总之，在选择合同类型时，一般情况下是业主占有主动权。但业主不能单纯考虑己方利益，应当综合考虑项目的各种因素，考虑承包商的承受能力，确定双方都能认可的合同类型。

二、工程变更概述

（一）工程变更的分类

由于工程建设的周期长、涉及的经济关系和法律关系复杂、受自然条件和客观因素的影响大，导致项目的实际情况与项目招标投标时的情况相比会发生一些变化。因此，工程的实际施工情况与招标投标时的工程情况相比往往会有一些变化。工程变更包括工程量变更、工程项目的变更（如发包人提出增加或者删减原项目内容）、进度变更、施工条件的变更等。如果按照变更的起因划分，变更的种类有很多，如：发包人的变更指令（包括发包人对工程有了新的要求、发包人修改项目计划、发包人削减预算、发包人对项目进度有了新的要求等）；由于设计错误，必须对设计图纸做修改；工程环境变化；由于产生了新的技术和知识，有必要改变原设计、实施方案或实施计划；法律、法规或者政府对建设项目有了新的要求；等等。当然，这样的分类并不是十分严格的，变更原因也不是相互排斥的。这些变更最终往往表现为变更原设计，考虑到设计变更在工程变更中的重要性，往往将工程变更分为设计变更和其他变更两大类。

1. 设计变更

在施工过程中如果发生设计变更，将对施工进度产生很大的影响。因此，应尽量减少设计变更，如果必须对设计进行变更，必须严格按照国家规定和合同约定的程序进行。

由于发包人对原设计进行变更，以及经工程师同意的、承包人要求进行的设计变更，导致合同价款的增减及造成的承包人损失，由发包人承担，延误的工期相应顺延。

2. 其他变更

合同履行中发包人要求变更工程质量标准及发生实质性变更，由双方协商解决。

（二）工程变更的处理要求

（1）如果出现了必须变更的情况，应当尽快变更。如果变更不可避免，不论是停止施工等待变更指令，还是继续施工，无疑都会增加损失。

（2）工程变更后，应当尽快落实变更。工程变更指令发出后，应当迅速落实指令，全面修改相关的各种文件。承包人也应当抓紧落实，如果承包人不能全面落实变更指令，则扩大的损失应当由承包人承担。

（3）对工程变更的影响应当进一步分析。工程变更的影响往往是多方面的，影响持续的时间也往往较长，对此应当有充分的分析。

三、《建设工程施工合同（示范文本）》条件下的工程变更

（一）工程变更的程序

1. 设计变更的程序

从合同的角度看，不论什么原因导致的设计变更，必须有一方首先提出，因此可以分为发包人对原设计进行变更和承包人原因对原设计进行变更两种情况。

（1）发包人对原设计进行变更。施工中发包人如果需要对原工程设计进行变更，应不迟于变更前14天以书面形式向承包人发出变更通知。承包人对于发包人的变更通知没有拒绝的权利，这是合同赋予发包人的一项权利。因为发包人是工程的出资人、所有人和管理者，对将来工程的运行承担主要的责任，只有赋予发包人这样的权利才能减少更大的损失。但是，变更超过原设计标准或者批准的建设规模时，须经原规划管理部门和其他有关部门审查批准，并由原设计单位提供变更的相应的图纸和说明。

（2）承包人原因对原设计进行变更。承包人应当严格按照图纸施工，不得随意变更设计。施工中承包人提出的合理化建议涉及对设计图纸或者施工组织设计的更改及对原材料、设备的更换，须经工程师同意。工程师同意变更后，也须经原规划管理部门和其他有关部门审查批准，并由原设计单位提供变更的相应的图纸和说明。承包人未经工程师同意不得擅自更改或换用，否则承包人承担由此发生的费用，赔偿发包人的有关损失，延误的工期不予顺延。

（3）设计变更事项。能够构成设计变更的事项包括：①更改有关部分的标高、基线、位置和尺寸；②增减合同中约定的工程量；③改变有关工程的施工时间和顺序；

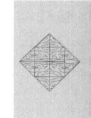

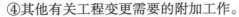
④其他有关工程变更需要的附加工作。

2. 其他变更的程序

从合同角度看，除设计变更外，其他能够导致合同内容变更的都属于其他变更。如双方对工程质量要求的变化（当然是强制性标准以上的变化）、双方对工期要求的变化、施工条件和环境的变化导致施工机械和材料的变化等。这些变更的程序，首先应当由一方提出，与对方协商一致签署补充协议后，方可进行变更。

（二）变更后合同价款的确定

1. 变更后合同价款的确定程序

设计变更发生后，承包人在工程设计变更确定后 14 天内，提出变更工程价款的报告，经工程师确认后调整合同价款。承包人在确定变更后 14 天内不向工程师提出变更工程价款报告时，视为该项设计变更不涉及合同价款的变更。工程师收到变更工程价款报告之日起 7 日内，予以确认。工程师无正当理由不确认时，自变更价款报告送达之日起 14 天后变更工程价款报告自行生效。其他变更也应当参照这一程序进行。

2. 变更后合同价款的确定方法

变更合同价款按照下列方法进行：

（1）合同中已有适用于变更工程的价格，按合同已有价格计算、变更合同价款；

（2）合同中只有类似于变更工程的价格，可以参照此价格确定变更价格，变更合同价款；

（3）合同中没有适用或类似于变更工程的价格，由承包人提出适当的变更价格，经工程师确认后执行。

因此，在变更后合同价款的确定上，首先应当考虑适用合同中已有的、能够适用或者能够参照适用的，其原因在于在合同中已经订立的价格（一般是通过招标投标）是较为公平合理的，因此应当尽量适用。由承包人提出的变更价格，工程师如果能够确认，则按照这一价格执行。如果工程师不确认，则应当提出新的价格，由双方协商，按照协商一致的价格执行。如果无法协商一致，可以由工程造价部门调解，如果双方或者一方无法接受，则应当按照合同纠纷的解决方法解决。

第二节　工程索赔

一、工程索赔的概念和分类

（一）工程索赔的概念

工程索赔是在工程承包合同履行中，当事人一方由于另一方未履行合同所规定的义务或者出现了应当由对方承担的风险而遭受损失时，向另一方提出赔偿要求的行为。在实际工程中，既包括承包人向发包人的索赔，也包括发包人向承包人的索赔。但在工程实践中，发包人索赔数量较小，而且处理方便，可以通过冲账、扣拨工程款、扣保证金等实现对承包人的索赔；而承包人对发包人的索赔则比较困难一些。通常情况下，索赔是指承包人（施工单位）在合同实施过程中，对非自身原因造成的工程延期、费用增加而要求发包人给予补偿损失的一种权利要求。

索赔有较广泛的含义，可以概括为如下三个方面：

（1）一方违约使另一方蒙受损失，受损方向对方提出赔偿损失的要求；

（2）发生应由业主承担责任的特殊风险或遇到不利自然条件等情况，使承包商蒙受较大损失而向业主提出补偿损失要求；

（3）承包商本人应当获得的正当利益，由于没能及时得到监理工程师的确认和业主应给予的支付，而以正式函件向业主索赔。

（二）工程索赔产生的原因

1. 当事人违约

当事人违约常常表现为没有按照合同约定履行自己的义务。发包人违约常常表现为没有为承包人提供合同约定的施工条件、未按照合同约定的期限和数额付款等。工程师未能按照合同约定完成工作，如未能及时发出图纸、指令等也视为发包人违约。承包人违约的情况则主要是没有按照合同约定的质量、期限完成施工，或者由于不当行为给发包人造成其他损害。

2. 不可抗力事件

不可抗力又可以分为自然事件和社会事件。自然事件主要是不利的自然条件和客观障碍，如在施工过程中遇到了经现场调查无法发现、业主提供的资料中也未提到的、无法预料的情况，如地下水、地质断层等。社会事件则包括国家政策、法律、法令的变更，战争、罢工等。

3. 合同缺陷

合同缺陷表现为合同文件规定不严谨甚至矛盾，合同中的遗漏或错误。在这种情况下，工程师应当给予解释，如果这种解释将导致成本增加或工期延长，发包人应当给予补偿。

4. 合同变更

合同变更表现为设计变更、施工方法变更、追加或者取消某些工作、合同其他规定的变更等。

5. 工程师指令

工程师指令有时也会产生索赔，如工程师指令承包人加速施工、进行某项工作、更换某些材料、采取某些措施等。

6. 其他第三方原因

其他第三方原因常常表现为与工程有关的第三方的问题而引起的对本工程的不利影响。

（三）工程索赔的分类

工程索赔依据不同的标准可以进行不同的分类。

1. 按索赔的合同依据分类

按索赔的合同依据可以将工程索赔分为合同中明示的索赔和合同中默示的索赔。

（1）合同中明示的索赔

合同中明示的索赔是指承包人所提出的索赔要求，在该工程项目的合同文件中有文

字依据，承包人可以据此提出索赔要求，并取得经济补偿。这些在合同文件中有文字规定的合同条款，称为明示条款。

（2）合同中默示的索赔

合同中默示的索赔，即承包人的该项索赔要求虽然在工程项目的合同条款中没有专门的文字叙述，但可以根据该合同的某些条款的含义，推论出承包人有索赔权。这种索赔要求，同样有法律效力，有权得到相应的经济补偿。这种有经济补偿含义的条款，在合同管理工作中被称为"默示条款"或称为"隐含条款"。默示条款是一个广泛的合同概念，它包含合同明示条款中没有写入、但符合双方签订合同时设想的愿望和当时环境条件的一切条款。这些默示条款，或者从明示条款所表述的设想愿望中引申出来，或者从合同双方在法律上的合同关系引申出来，经合同双方协商一致，或被法律和法规所指明，都成为合同文件的有效条款，要求合同双方遵照执行。

2. 按索赔目的分类

按索赔目的可以将工程索赔分为工期索赔和费用索赔。

（1）工期索赔

由于非承包人责任的原因而导致施工进程延误，要求批准顺延合同工期的索赔，称之为工期索赔。工期索赔形式上是对权利的要求，以避免在原定合同竣工日不能完工时，被发包人追究拖期违约责任。一旦获得批准合同工期顺延后，承包人不仅免除了承担拖期违约赔偿费的严重风险，而且可能提前工期得到奖励，最终反映在经济收益上。

（2）费用索赔

费用索赔的目的是要求经济补偿。当施工的客观条件改变导致承包人增加开支，要求对超出计划成本的附加开支给予补偿，以挽回不应由承包人承担的经济损失。

3. 按索赔事件的性质分类

按索赔事件的性质可以将工程索赔分为工程延误索赔、工程变更索赔、合同被迫终止索赔、工程加速索赔、意外风险和不可预见因素索赔和其他索赔。

（1）工程延误索赔

因发包人未按合同要求提供施工条件，如未及时交付设计图纸、施工现场、道路等，或因发包人指令工程暂停或不可抗力事件等原因造成工期拖延的，承包人对此提出索赔。这是工程中常见的一类索赔。

（2）工程变更索赔

由于发包人和监理工程师指令增加或减少工程量或增加附加工程、修改设计、变更工程顺序等，造成工期延长和费用增加，承包人对此提出索赔。

（3）合同被迫终止的索赔

由于发包人或承包人违约以及不可抗力事件等原因造成合同非正常终止，无责任的受害方因其蒙受经济损失而向对方提出索赔。

（4）工程加速索赔

由于发包人或工程师指令承包人加快施工速度，缩短工期，引起承包人人力、财力、物力的额外开支而提出的索赔。

（5）意外风险和不可预见因素索赔

在工程实施过程中，因人力不可抗拒的自然灾害、特殊风险以及一个有经验的承包人通常不能合理预见的不利施工条件或外界障碍，如地下水、地质断层、溶洞、地下障碍物等引起的索赔。

（6）其他索赔

如因货币贬值、汇率变化、物价、工资上涨、政策法令变化等原因引起的索赔。

二、工程索赔的处理原则和计算

（一）工程索赔的处理原则

1. 索赔必须以合同为依据

不论是风险事件的发生，还是当事人不完成合同工作，都必须在合同中找到相应的依据，当然，有些依据可能是合同中隐含的。工程师依据合同和事实对索赔进行处理是其公平性的重要体现。在不同的合同条件下，这些依据很可能是不同的。如因为不可抗力导致的索赔，在国内《建设工程施工合同文本》条件下，承包人机械设备损坏的损失，是由承包人承担的，不能向发包人索赔；但在FIDIC*合同条件下，上述损失都应当由业主承担。如果到了具体的合同中，各个合同的协议条款不同，其依据的差别就更大了。

2. 及时、合理地处理索赔

索赔的事件发生后，索赔的提出应当及时，索赔的处理也应当及时。索赔处理得不及时，对双方都会产生不利的影响，如承包人的索赔长期得不到合理解决，索赔积累的结果会导致其资金困难，同时会影响工程进度，给双方都带来不利的影响。处理索赔还必须坚持合理性原则，既考虑到国家的有关规定，也应当考虑到工程的实际情况。如：承包人提出索赔要求，机械停工按照机械台班单价计算损失显然是不合理的，因为机械停工不发生运行费用。

3. 加强主动控制，减少工程索赔

对于工程索赔应当加强主动控制，尽量减少索赔。这就要求在工程管理过程中，应当尽量将工作做在前面，减少索赔事件的发生。这样能够使工程更顺利地进行，降低工程投资，减少施工工期。

（二）《建设工程施工合同文本》规定的工程索赔程序

当合同当事人一方向另一方提出索赔时，要有正当的索赔理由，且有索赔事件发生时的有效证据。如发包人未能按合同约定履行自己的各项义务或发生错误以及因第三方原因，给承包人造成延期支付合同价款、延误工期或其他经济损失，包括不可抗力延误的工期。

（1）承包人提出索赔申请。索赔事件发生 28 天内，向工程师发出索赔意向通知。合同实施过程中，凡不属于承包人责任导致项目拖期和成本增加事件发生后的 28 天内，必须以正式函件通知工程师，声明对此事项要求索赔，同时仍须遵照工程师的指令继续施工。逾期申报时，工程师有权拒绝承包人的索赔要求。

---

* 注：FIDIC 为国际咨询工程师联合会的缩写。该联合会专业委员会编制了许多标准合同条件。

（2）发出索赔意向通知后28天内，向工程师提出补偿经济损失和（或）延长工期的索赔报告及有关资料；正式提出索赔申请后，承包人应抓紧准备索赔的证据资料，包括事件的原因、对其权益影响的证据资料、索赔的依据，以及其他计算出的该事件影响所要求的索赔额和申请推延工期天数，并在索赔申请发出的28天内报出。

（3）工程师审核承包人的索赔申请。工程师在收到承包人送交的索赔报告和有关资料后，于28天内给予答复，或要求承包人进一步补充索赔理由和证据。接到承包人的索赔信件后，工程师应该立即研究承包人的索赔资料，在不确认责任属谁的情况下，依据自己的同期记录资料客观分析事故发生的原因，依据有关合同条款，研究承包人提出的索赔证据。必要时还可以要求承包人进一步提交补充资料，包括索赔的更详细说明材料或索赔计算的依据。工程师在28天内未予答复或未对承包人作进一步要求，视为该项索赔已经认可。

（4）当该索赔事件持续进行时，承包人应当阶段性向工程师发出索赔意向，在索赔事件终了后28天内，向工程师提供索赔的有关资料和最终索赔报告。

（5）工程师与承包人谈判。双方各自依据对这一事件的处理方案进行友好协商，若能通过谈判达成一致意见，则该事件较容易解决。如果双方对该事件的责任、索赔款额或工期展延天数分歧较大，通过谈判达不成共识的话，按照条款规定，工程师有权确定一个他认为合理的单价或价格作为最终的处理意见报送业主并相应通知承包人。

（6）发包人审批工程师的索赔处理证明。发包人首先根据事件发生的原因、责任范围、合同条款审核承包人的索赔申请和工程师的处理报告，再根据项目的目的、投资控制、竣工验收要求，以及针对承包人在实施合同过程中的缺陷或不符合合同要求的地方提出反索赔方面的考虑，决定是否批准工程师的索赔报告。

（7）承包人是否接受最终的索赔决定。承包人同意了最终的索赔决定，这一索赔事件即告结束。若承包人不接受工程师的单方面决定或业主删减的索赔或工期展延天数，就会导致合同纠纷。通过谈判和协调双方达成互让的解决方案是处理纠纷的理想方式。如果双方不能达成谅解就只能诉诸仲裁或者诉讼。

承包人未能按合同约定履行自己的各项义务和发生错误，给发包人造成损失的，发包人也可按上述时限向承包人提出索赔。

（三）索赔的依据

提出索赔的依据有以下几个方面：

（1）招标文件、施工合同文本及附件，其他各签约（如备忘录、修正案等），经认可的工程实施计划、各种工程图纸、技术规范等。这些索赔的依据可在索赔报告中直接引用。

（2）双方的往来信件及各种会谈纪要。在合同履行过程中，业主、监理工程师和承包人定期或不定期的会谈所做出的决议或决定，是合同的决定，是合同的补充，应作为合同的组成部分，但会谈纪要只有经过各方签署后才可作为索赔的依据。

（3）进度计划和具体的进度以及项目现场的有关文件。进度计划和具体的进度安排和现场有关文件是变更索赔的重要证据。

（4）气象资料、工程检查验收报告和各种技术鉴定报告，工程中送停电、送停水、道路的开通和封闭的记录和证明。

（5）国家有关法律、法令、政策文件，官方的物价指数、工资指数，各种会计核算资料，材料的采购、订货、运输、进场、使用方面的凭据。

可见，索赔要有证据，证据是索赔报告的重要组成部分，证据不足或没有证据，索赔就不可能成立。总之，施工索赔是利用经济杠杆进行项目管理的有效手段，对承包人、发包人和监理工程师来说，处理索赔问题水平的高低，反映了对项目管理水平的高低。由于索赔是合同管理的重要环节，也是计划管理的动力，更是挽回成本损失的重要手段，所以随着建筑市场的建立和发展，它将成为项目管理中越来越重要的问题。

（四）索赔的计算

1. 可索赔的费用

费用内容一般可以包括以下几个方面：

（1）人工费。包括增加工作内容的人工费、停工损失费和工作效率降低的损失费等累计，但不能简单地用计日工费计算。

（2）设备费。可采用机械台班费、机械折旧费、设备租赁费等几种形式。

（3）材料费。

（4）保函手续费。工程延期时，保函手续费相应增加，反之，取消部分工程且发包人与承包人达成提前竣工协议时，承包人的保函金额相应折减，则计入合同价内的保函手续费也应扣减。

（5）贷款利息。

（6）保险费。

（7）利润。

（8）管理费。此项又可分为现场管理费和公司管理费两部分，由于二者的计算方法不一样，所以在审核过程中应区别对待。

2. 费用索赔的计算类型

计算方法有实际费用法、修正的总费用法等。

（1）实际费用法。该方法是按照每个索赔事件所引起损失的费用项目分别分析计算索赔值，然后将各费用项目的索赔值汇总，即可得到总索赔费用值。这种方法以承包商为某项索赔工作所支付的实际开支为依据，但又限于由于索赔事项引起的、超过原计划的费用，故也称额外成本法。在这种计算方法中，需要注意的是不要遗漏费用项目。

（2）修正的总费用法。这种方法是对总费用法的改进，即在总费用计算的原则上，去掉一些不确定的可能因素，对总费用法进行相应的修改和调整，使其更加合理。

3. 工期索赔的计算类型

工期索赔的计算主要有网络图分析和比例计算法两种。

（1）网络图分析法是利用工程进度计划的网络图，分析其关键路线。如果延误的工作为关键工作，则延误的总时间为索赔的工期；如果延误的工作为非关键工作，当该工作由于超过时差限制而成为关键工作时，则延误时间和时差的差值为可索赔工期；若该工作延误后仍为非关键工作，则不存在工期的索赔问题。

（2）比例计算法有两种情况：

①对已知部分工程的延期时间：

$$工期索赔值 = \frac{受干扰部分工程的合同价}{原合同总价} \times 该受干扰部分工期拖延时间$$

②对于已知额外增加工程量的价格：

$$工期索赔值 = \frac{额外增加工程量的价格}{原合同总价} \times 原合同总工期$$

4. 工期索赔中应当注意的问题

在工期索赔中特别应当注意以下问题：

（1）划清施工进度拖延的责任。因承包人的原因造成施工进度滞后，属于不可原谅的延期；只有承包人不应承担任何责任的延误，才是可原谅的延期。有时工期延期的原因中可能包含有双方责任，此时工程师应进行详细分析，分清责任比例，只有可原谅延期部分才能批准顺延合同工期。可原谅延期，又可细分为可原谅并给予补偿费用的延期和可原谅但不给予补偿费用的延期；后者是指非承包人责任的影响并未导致施工成本的额外支出，大多属于发包人应承担风险责任事件的影响，如异常恶劣的气候条件影响的停工等。

（2）被延误的工作应是处于施工进度计划关键线路上的施工内容。只有位于关键线路上工作内容的滞后，才会影响到竣工日期。但有时也应注意，既要看被延误的工作是否在批准进度计划的关键路线上，又要详细分析这一延误对后续工作的可能影响。因为若对非关键路线工作的影响时间较长，超过了该工作可用于自由支配的时间，也会导致进度计划中非关键路线转化为关键路线，其滞后将影响总工期的拖延。此时，应充分考虑该工作的自由时间，给予相应的工期顺延，并要求承包人修改施工进度计划。

附录 建筑装饰工程施工合同

附录1 建筑装饰工程施工合同

（甲种本）

第一部分 合 同 条 件

一、词语含义及合同文件

第1条 词语含义。在本合同中，下列词语除协议条款另有约定外，应具有本条所赋予的含义：

1. 合同：是指为实施工程，发包方和承包方之间达成的明确相互权利和义务关系的协议。包括合同条件、协议条款以及双方协商同意的与合同有关的全部文件。

2. 协议条款：是指结合具体工程，除合同条件外，经发包方和承包方协商达成一致意见的条款。

3. 发包方（简称甲方）：协议条款约定的具有工程发包主体资格和支付工程价款能力的当事人。

甲方的具体身份、发包范围、权限、性质均需在协议条款内约定。

4. 承包方（简称乙方）：协议条款约定的具有工程承包主体资格并被甲方接受的当事人。

5. 甲方驻工地代表（简称甲方代表）：甲方在协议条款内指定的履行合同的负责人。

6. 乙方驻工地代表（简称乙方代表）：乙方在协议条款内指定的履行合同的负责人。

7. 社会监理：甲方委托具备法定资格的工程建设监理单位对工程进行的监理。

8. 总监理工程师：工程建设监理单位委派的监理总负责人。

9. 设计单位：甲方委托的具备与工程相应资质等级的设计单位。

本合同工程的装饰或二次及以上的装饰，甲方委托乙方部分或全部设计，且乙方具备相应设计资质，甲、乙双方另行签订设计合同。

10. 工程：是指为使建筑物、构筑物内、外空间达到一定的环境质量要求，使用装饰装修材料，对建筑物、构筑物外表和内部进行修饰处理的工程。包括对旧有建筑物及其设施表面的装饰处理。

11. 工程造价管理部门：各级建设行政主管部门或其授权的建设工程造价管理部门。

12. 工程质量监督部门：各级建设行政主管部门或其授权的建设工程质量监督

机构。

13．合同价款：甲、乙双方在协议条款内约定的、用以支付乙方按照合同要求完成全部工程内容的价款总额。招标工程的合同价款为中标价格。

14．追加合同价款：在施工中发生的、经甲方确认后按计算合同价款的方法增加的合同价款。

15．费用：甲方在合同价款之外需要直接支付的开支或乙方应承担的开支。

16．工期：协议条款约定的、按总日历天数（包括一切法定节假日在内）计算的工期天数。

17．开工日期：协议条款约定的绝对或相对的工程开工日期。

18．竣工日期：协议条款约定的绝对或相对的工程竣工日期。

19．图纸：由甲方提供或乙方提供经甲方代表批准，乙方用以施工的所有图纸（包括配套说明和有关资料）。

20．分段或分部工程：协议条款约定构成全部工程的任何分段或分部工程。

21．施工场地：由甲方提供，并在协议条款内约定，供乙方施工、操作、运输、堆放材料的场地及乙方施工涉及的周围场地（包括一切通道）。

22．施工设备和设施：按协议条款约定，由甲方提供给乙方施工和管理使用的设备或设施。

23．工程量清单：发包方在招标文件中提供的、按法定的工程量计算方法（规则）计算的全部工程的分部分项工程量明细清单。

24．书面形式：根据合同发生的手写、打印、复写、印刷的各种通知、证明、证书、签证、协议、备忘录、函件及经过确认的会议纪要、电报、电传等。

25．不可抗力：指因战争、动乱、空中飞行物坠落或其他非甲、乙方责任造成爆炸、火灾，以及协议条款约定的自然灾害等。

第 2 条　合同文件及解释顺序。合同文件应能互相解释，互为说明。除合同另有约定外，其组成和解释顺序如下：

1．协议条款；

2．合同条件；

3．洽商、变更等明确双方权利、义务的纪要、协议；

4．建设工程施工合同；

5．监理合同；

6．招标发包工程的招标文件、投标书和中标通知书；

7．工程量清单或确定工程造价的工程预算书和图纸；

8．标准、规范和其他有关的技术经济资料、要求。

当合同文件出现含糊不清或不一致时，由双方协商解决，协商不成时，按协议条款第 35 条约定的办法解决。

第 3 条　合同文件使用的语言文字、标准和适用法律。合同文件使用汉语或协议条款约定的少数民族语言书写、解释和说明。

施工中必须使用协议条款约定的国家标准、规范。没有国家标准、规范时，有行业标准、规范的，使用行业标准、规范；没有国家和行业标准、规范的，使用地方的标准、规范。甲方应按协议条款约定的时间向乙方提供一式两份约定的标准、规范。

国内没有相应标准、规范时，乙方应按协议条款约定的时间和要求提出施工工艺，经甲方代表和设计单位批准后执行。甲方要求使用国外标准、规范的，应负责提供中文译本。本条所发生购买、翻译和制定标准、规范的费用，均由甲方承担。

适用于合同文件的法律是国家的法律、法规（含地方法规）及协议条款约定的规章。

第4条　图纸。甲方在开工日期7 d之前按协议条款约定的日期和份数，向乙方提供完整的施工图纸。乙方需要超过协议条款双方约定的图纸份数，甲方应代为复制，复制费用由乙方承担。

使用国外或境外图纸，不能满足施工需要时，双方在协议条款内约定复制、重新绘制、翻译、购买标准图纸等的责任和费用承担。

二、双方一般责任

第5条　甲方代表。甲方代表按照以下要求，行使合同约定的权利，履行合同约定的义务。

1. 甲方代表可委派有关管理人员，行使自己部分权利和职责，并可在任何时候撤回这种委派。委派和撤回均应提前7 d通知乙方。

2. 甲方代表的指令、通知由其本人签字后，以书面形式交给乙方代表，乙方代表在回执上签署姓名和收到时间后生效。确有必要时，甲方代表可发出口头指令，并在48 h内给予书面确认，乙方对甲方代表的指令应予执行。甲方代表不能及时给予书面确认，乙方应于甲方代表发出口头指令后7 d内提出书面确认要求，甲方代表在乙方提出确认要求24 h后不予答复，视为乙方要求已被确认。乙方认为甲方代表指令不合理，应在收到指令后24 h内提出书面申告，甲方代表在收到乙方申告后24 h内作出修改指令或继续执行原指令的决定，并以书面形式通知乙方。紧急情况下，甲方代表要求乙方立即执行的指令或乙方虽有异议，但甲方代表决定仍继续执行的指令，乙方应予执行。因指令错误而发生的追加合同价款和对乙方造成的损失由甲方承担，延误的工期相应顺延。

3. 甲方代表应按合同约定，及时向乙方提供所需指令、批准、图纸并履行其他约定的义务。否则乙方在约定时间后24 h内将具体要求、需要的理由和迟误的后果通知甲方代表，甲方代表收到通知后48 h内不予答复，应承担由此造成的追加合同价款，并赔偿乙方的有关损失，延误的工期相应顺延。

甲方代表易人，甲方应于易人前7 d通知乙方，后任继续履行合同文件约定的前任的权利和义务。

第6条　委托监理。本工程甲方委托监理，应与监理单位签订监理合同。并在本合同协议条款内明确监理单位、总监理工程师及其应履行的职责。

本合同中总监理工程师和甲方代表的职责不能相互交叉。

非经甲方同意，总监理工程师及其代表无权解除本合同中乙方的任何义务。

合同履行中，发生影响甲、乙双方权利和义务的事件时，总监理工程师应作出公正

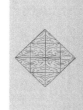

的处理。

为保证施工正常进行，甲乙双方应尊重总监理工程师的决定。对总监理工程师的决定有异议时，按协议条款的约定处理。

总监理工程师易人，甲方接到监理单位通知后应同时通知乙方，后任继续履行赋予前任的权利和义务。

第7条　乙方驻工地代表。乙方任命驻工地负责人，按以下要求行使合同约定的权利，履行合同约定的义务：

1. 乙方的要求、请示和通知，以书面形式由乙方代表签字后送甲方代表，甲方代表在回执上签署姓名及收到时间后生效。

2. 乙方代表按甲方代表批准的施工组织设计（或施工方案）和依据合同发出的指令、要求组织施工。

在情况紧急且无法与甲方代表联系的情况下，可采取保护人员生命和工程、财产安全的紧急措施，并在采取措施后 24 h 内向甲方代表送交报告。责任在甲方，由甲方承担由此发生的追加合同价款，相应顺延工期；责任在乙方，由乙方承担费用。

乙方代表易人，乙方应于易人前 7 d 通知甲方，后任继续履行合同文件约定的前任的权利和义务。

第8条　甲方工作。甲方按协议条款约定的内容和时间，一次或分阶段完成以下工作：

1. 提供施工所需的场地，并清除施工场地内一切影响乙方施工的障碍；或承担乙方在不腾空的场地内施工采取的相应措施所发生的费用，一并计入合同价款内；

2. 向乙方提供施工所需水、电、热力、电讯等管道线路，从施工场地外部接至协议条款约定的地点，并保证乙方施工期间的需要；

3. 负责本工程涉及的市政配套部门及当地各有关部门的联系和协调工作；

4. 协调施工场地内各交叉作业施工单位之间的关系，保证乙方按合同的约定顺利施工；

5. 办理施工所需的有关批件；证件和临时用地等的申请报批手续；

6. 组织有关单位进行图纸会审，向乙方进行设计交底；

7. 向乙方有偿提供协议条款约定的施工设备和设施。

甲方不按协议条款约定的内容和时间完成以上工作，造成工期延误，承担由此造成的追加合同价款，并赔偿乙方有关损失，工期相应顺延。

第9条　乙方工作。乙方按协议条款约定的时间和要求做好以下工作：

1. 在其设计资格证书允许的范围内，按协议条款的约定完成施工图设计或与工程配套的设计，经甲方代表批准后使用。

2. 向甲方代表提供年、季、月度工程进度计划及相应统计报表和工程事故报告。

3. 在腾空后单独由乙方施工的施工场地内，按工程和安全需要提供和维修非夜间施工使用的照明、看守、围栏和警卫。乙方未履行上述义务造成工程、财产和人身伤害的，由乙方承担责任及所发生的费用；在新建工程或不腾空的建筑物内施工时，上述设施和人员由建筑工程承包人或建筑物使用单位负责，乙方不承担任何责任和费用。

4. 遵守地方政府和有关部门对施工场地交通和施工噪声等管理规定，经甲方代表同意，需办理有关手续的，由甲方承担由此发生的费用。因乙方责任造成的罚款除外。

5. 遵守政府和有关部门对施工现场的一切规定和要求，承担因自身原因违反有关规定造成的损失和罚款。

6. 按协议条款的约定保护好建筑结构和相应管线、设备。

7. 已竣工程未交付甲方验收之前，乙方负责成品保护，保护期间发生损坏，乙方自费予以修复。第三方原因造成损坏，通过甲方协调，责任方负责修复或乙方修复，由甲方承担追加合同价款。要求乙方采取特殊措施保护的分项和分部工程，其费用由甲方承担，并在协议条款内约定。甲方在竣工验收前使用，发生损坏的修理费用，由甲方承担。由于乙方不履行上述义务，造成工期延误和经济损失，责任由乙方承担。

三、施工组织设计和工期

第10条　施工组织设计及进度计划。乙方应在协议条款约定的日期，将施工组织设计（或施工方案）和进度计划提交甲方代表。甲方代表应按协议条款约定的时间予以批准或提出修改意见，逾期不批复，可视为该施工组织设计（或施工方案）和进度计划已经批准。乙方必须按批准的进度计划组织施工，接受甲方代表对进度的检查、监督。工程实际进展与进度计划不符时，乙方应按甲方代表的要求提出措施，甲方代表批准后执行。

第11条　延期开工。乙方按协议条款约定的开工日期开始施工。乙方不能按时开工，应在协议条款约定的开工日期7 d前，向甲方代表提出延期开工的理由和要求。甲方代表在7 d内答复乙方。甲方代表7 d内不予答复，视为已同意乙方要求，工期相应顺延。甲方代表不同意延期要求或乙方未在规定时间内提出延期开工要求，竣工工期不予顺延。

甲方征得乙方同意并以书面形式通知乙方后，可要求推迟开工日期，承担乙方因此造成的追加合同价款，相应顺延工期。

第12条　暂停施工。甲方代表在确有必要时，可要求乙方暂停施工，并在提出要求后48 h内提出处理意见。乙方应按甲方要求停止施工，并妥善保护已完工工程。乙方实施甲方代表处理意见后，可提出复工要求，甲方代表应在48 h内给予答复。甲方代表未能在规定时间内提出处理意见，或收到乙方复工要求后48 h内未予答复，乙方可自行复工。停工责任在甲方，由甲方承担追加合同价款，相应顺延工期；停工责任在乙方，由乙方承担发生的费用。因甲方代表不及时作出答复，施工无法进行，乙方可认为甲方已部分或全部取消合同，由甲方承担违约责任。

第13条　工期延误。由于以下原因造成工期延误，经甲方代表确认，工期相应顺延。

1. 甲方不能按协议条款的约定提供开工条件；

2. 工程量变化和设计变更；

3. 一周内，非乙方原因致停水、停电、停气造成停工累计超过8h；

4. 工程价款未按时支付；

5. 不可抗力；

6. 其他非乙方原因的停工。

乙方在以上情况发生后 7 d 内，就延误的内容和因此发生的追加合同价款向甲方代表提出报告，甲方代表在收到报告后 7 d 内予以确认、答复，逾期不予答复，乙方可视为延期及要求已被确认。

非上述原因，工程不能按合同工期竣工，乙方按协议条款约定承担违约责任。

第 14 条　工期提前。施工中如需提前竣工，双方协商一致后应签订提前竣工协议。乙方按协议修订进度计划，报甲方批准。甲方应在 7 d 内给予批准，并为赶工提供方便条件，提前竣工协议包括以下主要内容：

1. 提前的时间；

2. 乙方采取的赶工措施；

3. 甲方为赶工提供的条件；

4. 赶工措施的追加合同价款和承担；

5. 提前竣工受益（如果有）的分享。

四、质量检验

第 15 条　工程样板。按照协议条款规定，乙方制作的样板间，经甲方代表检验合格后由甲乙双方封存。样板间作为甲方竣工验收的实物标准。制作样板间的全部费用，由甲方承担。

第 16 条　检查和返工。乙方应认真按照标准、规范设计和按样板间标准的要求以及甲方代表依据合同发出的指令施工，随时接受甲方代表及其委派人员检查检验，为检查检验提供便利条件，并按甲方代表及其委派人员的要求返工、修改，承担因自身原因导致返工修改的费用。因甲方不正确纠正或其他原因引起的追加合同价款，由甲方承担。

以上检查检验合格后，又发现由乙方原因引起的质量问题，仍由乙方承担责任和发生的费用，赔偿甲方的有关损失，工期相应顺延。

检查检验合格后再进行检查检验应不影响施工的正常进行，如影响施工的正常进行，检查检验不合格，影响施工的费用由乙方承担。除此之外影响正常施工的追加合同价款由甲方承担。相应顺延工期。

第 17 条　工程质量等级。工程质量应达到国家或专业的质量检验评定标准的合格条件。甲方要求部分或全部工程质量达到优良标准，应支付由此增加的追加合同价款，对工期有影响的应给予相应的顺延。

达不到约定条件的部分，甲方代表一经发现，可要求乙方返工，乙方应按甲方代表要求返工，直到符合约定条件。因乙方原因达不到约定条件，由乙方承担返工费用，工期不予顺延。返工后仍不能达到约定条件，乙方承担违约责任。因甲方原因达不到约定条件，由甲方承担返工的追加合同价款，工期相应顺延。

双方对工程质量有争议，请协议条款约定的质量监督部门调解，调解费用及因此造成的损失，由责任一方承担。

第 18 条　隐蔽工程和中间验收。工程具备隐蔽条件或达到协议条款约定的中间验收部位，乙方自检合格后，在隐蔽和中间验收 48 h 前通知甲方代表参加。通知包括乙方自检记录、隐蔽和中间验收的内容，验收时间和地点。乙方准备验收记录。验收合格，甲方代表在验收记录上签字后，方可进行隐蔽和继续施工。验收不合格，乙方在限定时间内修改后重新验收。工程符合规范要求，验收 24 h 后，甲方代表不在验收记录上签字，可视为甲方代表已经批准，乙方可进行隐蔽或继续施工。

甲方代表不能按时参加验收，须在开始验收 24 h 之前向乙方提出延期要求，延期不能超过两天，甲方代表未按以上时间提出延期要求、不参加验收，乙方可自行组织验收，甲方应承认验收记录。

第 19 条　重新检验。无论甲方代表是否参加验收，当其提出对已经验收的隐蔽工程重新检验的要求时，乙方应按要求进行剥露，并在检验后重新隐蔽或修复后隐蔽。检验合格，甲方承担由此发生的追加合同价款，赔偿乙方损失并相应顺延工期。检验不合格，乙方承担发生的费用，工期也予顺延。

五、合同价款及支付方式

第 20 条　合同价款与调整。合同价款及支付方式在协议条款内约定后，任何一方不得擅自改变。发生下列情况之一的可作调整：

1. 甲方代表确认的工程量增减；

2. 甲方代表确认的设计变更或工程洽商；

3. 工程造价管理部门公布的价格调整；

4. 一周内非乙方的原因造成停水、停电、停气累计超过 8h；

5. 协议条款约定的其他增减或调整。

双方在协议条款内约定调整合同价款的方法及范围。乙方在需要调整合同价款时，在协议条款约定的天数内，将调整的原因、金额以书面形式通知甲方代表，甲方代表批准后通知经办银行和乙方。甲方代表收到乙方通知后 7 d 内不作答复，视为已经批准。

对固定价格合同，双方应在协议条款内约定甲方给予乙方的风险金额或按合同价款一定比例约定风险系数，同时双方约定乙方在固定价格内承担的风险范围。

第 21 条　工程款预付。甲方按协议条款约定的时间和数额，向乙方预付工程款，开工后按协议条款约定的时间和比例逐次扣回。甲方不按协议条款约定预付工程款，乙方在约定预付时间 7 d 后向甲方发出要求预付工程款的通知，甲方在收到通知后仍不能按要求预付工程款，乙方可在发出通知 7 d 后停止施工，甲方从应付之日起向乙方支付应付款的利息并承担违约责任。

第 22 条　工程量的核实确认。乙方按协议条款约定的时间，向甲方代表提交已完工程量的报告。甲方代表接到报告后 7 d 内按设计图纸核实已完工程数量（以下简称计量），并提前 24 h 通知乙方。乙方为计量提供便利条件并派人参加。

乙方无正当理由不参加计量，甲方代表自行进行，计量结果视为有效，作为工程价款支付的依据。甲方代表收到乙方报告后 7 d 内未进行计量，从第 8 d 起，乙方报告中开列的工程量视为已被确认，作为工程款支付的依据。甲方代表不按约定时间通知乙方，使乙方不能参加计量，计量结果无效。

甲方代表对乙方超出设计图纸要求增加的工程量和自身原因造成的返工的工程量，不予计量。

第23条　工程款支付。甲方按协议条款约定的时间和方式，根据甲方代表确认的工程量，以构成合同价款相应项目的单价和取费标准计算出工程价款，经甲方代表签字后支付。甲方在计量结果签字后超过 7 d 不予支付，乙方可向甲方发出要求付款通知，若甲方在收到乙方通知后仍不能按要求支付，乙方可在发出通知 7 d 后停止施工。甲方承担违约责任。

经乙方同意并签订协议，甲方可延期付款。协议需明确约定付款日期，并由甲方支付给乙方从计量结果签字后第 8 d 起计算的应付工程价款利息。

六、材料供应

第24条　材料样品或样本。不论甲乙任何一方供应都应事先提供材料样品或样本，经双方验收后封存，作为材料供应和竣工验收的实物标准。甲方或设计单位指定的材料品种，由指定者提供指定式样、色调和规格的样品和样本。

第25条　甲方提供材料。甲方按照协议条款约定的材料种类、规格、数量、单价、质量等级和提供时间、地点的清单，向乙方提供材料及其产品合格证明。甲方代表在所提供材料验收 24 h 前将通知送达乙方，乙方派人与甲方一起验收。无论乙方是否派人参加验收，验收后由乙方妥善保管，甲方支付相应的保管费用。发生损坏或丢失，由乙方负责赔偿。甲方不按规定通知乙方验收，乙方不负责材料设备的保管，损坏或丢失由甲方负责。

甲方供应的材料与清单或样品不符，按下列情况分别处理：

1．材料单价与清单不符，由甲方承担所有差价；

2．材料的种类、规格、型号、质量等级与清单或样品不符，乙方可拒绝接收保管，由甲方运出施工现场并重新采购；

3．到货地点与清单不符，甲方负责运至约定地点；

4．供应数量少于清单约定数量时，甲方将数量补齐。多于清单数量时，甲方负责将多余部分运出施工现场；

5．供应时间早于清单约定时间，甲方承担由此发生的保管费用。

因以上原因或迟于清单约定时间供应而导致的追加合同价款，由甲方承担。发生延误，工期相应顺延，并由甲方赔偿乙方由此造成的损失。

乙方检验通过之后仍发现有与清单和样品的规格、质量等级不符的情况，甲方还应承担重新采购及返工的追加合同价款，并相应顺延工期。

第26条　乙方供应材料。乙方根据协议条款约定，按照设计、规范和样品的要求采购工程需要的材料，并提供产品合格证明；在材料设备到货 24 h 前通知甲方代表验收。对与设计、规范和样品要求不符的产品，甲方代表应禁止使用，由乙方按甲方代表要求的时间运出现场，重新采购符合要求的产品，承担由此发生的费用，工期不予顺延。甲方未能按时到场验收，以后发现材料不符合规范、设计和样品要求，乙方仍应拆除、修复及重新采购，并承担发生的费用。由此延误的工期相应顺延。

第27条　材料试验。对于必须经过试验才能使用的材料，不论甲乙双方任何一方供应，按协议条款的约定，由乙方进行防火阻燃、毒性反应等测试。不具备测试条件的，可委托专业机构进行测试，费用由甲方承担。测试结果不合格的材料，凡未采购的应停止采购，凡已采购运至现场的，应立即由采购方运出现场，由此造成的全部材料采购费用，由采购方承担。甲方或设计单位指定的材料不合格，由甲方承担全部材料采购费用。

七、设计变更

第28条 甲方变更设计。甲方变更设计，应在该项工程施工前7 d通知乙方。乙方已经施工的工程，甲方变更设计应及时通知乙方，乙方在接到通知后立即停止施工。

由于设计变更造成乙方材料积压，应由甲方负责处理，并承担全部处理费用。

由于设计变更，造成乙方返工需要的全部追加合同价款和相应损失均由甲方承担，相应顺延工期。

第29条 乙方变更设计。乙方提出合理化建议涉及变更设计和对原定材料的换用，必须经甲方代表及有关部门批准。合理化建议节约的金额，甲乙双方协商分享。

第30条 设计变更对工程影响。所有设计变更，双方均应办理变更洽商签证。发生设计变更后，乙方按甲方代表的要求，进行下列对工程影响的变更：

1. 增减合同中约定的工程数量；

2. 更改有关工程的性质、质量、规格；

3. 更改有关部分的标高、基线、位置和尺寸；

4. 增加工程需要的附加工作；

5. 改变有关工程施工时间和顺序。

第31条 确定变更合同价款及工期。

发生设计变更后，在双方协商时间内乙方按下列方法提出变更价格，送甲方代表批准后调整合同价款：

1. 合同中已有适用于变更工程的价格，按合同已有的价格变更合同价款；

2. 合同中只有类似于变更情况的价格，可以此作为基础确定变更价格，变更合同价款；

3. 合同中没有适用和类似的价格，由乙方提出适当的变更价格，送甲方代表批准后执行。

设计变更影响到工期，由乙方提出变更工期，送甲方代表批准后调整竣工日期。

甲方代表不同意乙方提出的变更价格及工期，在乙方提出后7 d内通知乙方提请工程造价管理部门或有关工期管理部门裁定，对裁定有异议的，按第35条约定的方法解决。

八、竣工与结算

第32条 竣工验收。工程具备竣工验收条件，乙方按国家工程竣工验收有关规定，向甲方代表提供完整竣工资料和竣工验收报告。按协议条款约定的日期和份数向甲方提交竣工图。甲方代表收到竣工验收报告后，在协议条款约定的时间内组织有关部门验收，并在验收后7 d内给予批准或提出修改意见。乙方按要求修改，并承担由自身原因造成修改的费用。

甲方代表在收到乙方送交的竣工验收报告7 d内无正当理由不组织验收，或验收后7 d内不予批准且不能提出修改意见，视为竣工验收报告已被批准，即可办理结算手续。

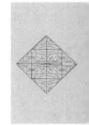

竣工日期为乙方送交竣工验收报告的日期，需修改后才能达到竣工要求的，应为乙方修改后提请甲方验收的日期。

甲方不能按协议条款约定日期组织验收，应从约定期限最后一天的次日起承担保管费用。

因特殊原因，部分工程或部位须甩项竣工时，双方订立甩项竣工协议，明确各方责任。

第33条　竣工结算。竣工报告批准后，乙方应按国家有关规定或协议条款约定的时间、方式向甲方代表提出结算报告，办理竣工结算。甲方代表收到结算报告后应在7 d内给予批准或提出修改意见，在协议条款约定时间内将拨款通知送经办银行支付工程款，并将副本送交乙方。乙方收到工程款14 d内将竣工工程交付甲方。

甲方无正当理由收到竣工报告后14 d内不办理结算，从第15 d起按施工企业向银行同期贷款的最高利率支付工程款的利息，并承担违约责任。

第34条　保修。乙方按国家有关规定和协议条款约定的保修项目、内容、范围、期限及保修金额和支付办法，进行保修并支付保修金。

保修期从甲方代表在最终验收记录上签字之日算起。分单项验收的工程，按单项工程分别计算保修期。

保修期内，乙方应在接到修理通知之后7 d内派人修理，否则，甲方可委托其他单位或人员修理。因乙方原因造成返修的费用，甲方在保修金内扣除，不足部分，由乙方交付。因乙方之外原因造成返修的费用，由甲方承担。

采取按合同价款约定比率，在甲方应付乙方工程款内预留保修金办法的，甲方应在保修期满后14 d内结算，将剩余保修金和按协议条款约定利率计算的利息一起退还乙方。

九、争议、违约和索赔

第35条　争议。本合同执行过程中发生争议，由当事人双方协商解决，或请有关部门调解。当事人不愿协商、调解解决或者协商、调解不成的，双方在协议条款内约定由仲裁委员会仲裁。当事人双方未约定仲裁机构，事后又没有达成书面仲裁协议的可向人民法院起诉。

发生争议后，除出现以下情况的，双方都应继续履行合同，保持施工连续，保护好已完工程：

1. 合同确已无法履行；

2. 双方协议停止施工；

3. 调解要求停止施工，且为双方所接受；

4. 仲裁委员会要求停止施工；

5. 法院要求停止施工。

第36条　违约。甲方代表不能及时给出必要指令、确认、批准，不按合同约定支付款项或履行自己的其他义务及发生其他使合同无法履行的行为，应承担违约责任（包括支付因违约导致乙方增加的费用和从支付之日起计算的应支付款项的利息等），相应顺延工期，按协议条款约定支付违约金，赔偿因其违约给乙方造成的窝工等损失。

乙方不能按合同工期竣工，施工质量达不到设计和规范的要求，或发生其他使合同无法履行的行为，乙方应承担违约责任，按协议条款约定向甲方支付违约金，赔偿因其违约给甲方造成的损失。

除非双方协议将合同终止或因一方违约使合同无法履行，违约方承担上述违约责任后仍应继续履行合同。

因一方违约使合同不能履行，另一方欲中止或解除全部合同，应以书面形式通知违约方，违约方必须在收到通知之日起 7 d 内作出答复，超过 7 d 不予答复视为同意中止或解除合同，由违约方承担违约责任。

第 37 条　索赔。甲方未能按协议条款约定提供条件、支付各种费用、顺延工期、赔偿损失，乙方可按以下规定向甲方索赔：

1. 有正当索赔理由，且有索赔事件发生时的有关证据；

2. 索赔事件发生后 14 d 内，向甲方代表发出要求索赔的意向；

3. 在发出索赔意向后 14 d 内，向甲方代表提交全部和详细的索赔资料和金额；

4. 甲方在接到索赔资料后 7 d 内给予批准，或要求乙方进一步补充索赔理由和证据，甲方在 7 d 内未作答复，视为该索赔已经批准；

5. 双方协议实行一揽子索赔，索赔意向不得迟于工程竣工日期前 14 d 提出。

十、其他

第 38 条　安全施工。乙方要按有关规定，采取严格的安全防护和防火措施，并承担由于自身原因造成的财产损失和伤亡事故的责任和因此发生的费用。非乙方责任造成的财产损失和伤亡事故，由责任方承担责任和有关费用。

发生重大伤亡事故，乙方应按规定立即上报有关部门并通知甲方代表。同时按政府有关部门的要求处理。甲方要为抢救提供必要条件。发生的费用由事故责任方承担。

乙方在动力设备、高电压线路、地下管道、密封防震车间、易燃易爆地段以及临时交通要道附近施工前，应向甲方代表提出安全保护措施，经甲方代表批准后实施。由甲方承担防护措施费用。

在不腾空和继续使用的建筑物内施工时，乙方应制定周密的安全保护和防火措施。确保建筑物内的财产和人员的安全，并报甲方代表批准。安全保护措施费用由甲方承担。

在有毒有害环境中施工，甲方应按有关规定提供相应的防护措施，并承担有关费用。

第 39 条　专利技术和特殊工艺的使用。甲方要求采用专利技术和特殊工艺，须负责办理相应的申报、审批手续，承担申报、实验等费用。乙方按甲方要求使用，并负责实验等有关工作。乙方提出使用专利技术和特殊工艺，报甲方代表批准后按以上约定办理。

以上发生的费用和获得的收益，双方按协议条款约定分摊或分享。

第 40 条　不可抗力。不可抗力发生后，乙方应迅速采取措施，尽量减少损失，并在 24 h 内向甲方代表通报灾害情况，按协议条款约定的时间向甲方报告情况和清理、修复的费用。灾害继续发生，乙方应每隔 7 d 向甲方报告一次灾害情况，直到灾害结

束。甲方应对灾害处理提供必要条件。

因不可抗力发生的费用由双方分别承担：

1. 工程本身的损害由甲方承担；

2. 人员伤亡由所属单位负责，并承担相应费用；

3. 造成乙方设备、机械的损坏及停工等损失，由乙方承担；

4. 所需清理和修复工作的责任与费用的承担，双方另签补充协议约定。

第41条　保险。在施工场地内，甲乙双方认为有保险的必要时，甲方按协议条款的约定，办理建筑物和施工场地内甲方人员及第三方人员生命财产保险，并支付一切费用。

乙方办理施工场地内乙方人员生命财产和机械设备的保险，并支付一切费用。

当乙方为分包或在不腾空的建筑物内施工时，乙方办理自己的各类保险。

投保后发生事故，乙方应在14 d内向甲方提供建设工程（建筑物）损失情况和估价的报告，如损害继续发生，乙方在14 d后每7 d报告一次，直到损害结束。

第42条　工程停建或缓建。由于不可抗力及其他甲乙双方之外原因导致工程停建或缓建，使合同不能继续履行，乙方应妥善做好已完工程和已购材料、设备的保护和移交工作，按甲方要求将自有机械设备和人员撤出施工现场。甲方应为乙方撤出提供必要条件，支付以上的费用，并按合同规定支付已完工程价款和赔偿乙方有关损失。

已经订货的材料、设备由订货方负责退货，不能退还的货款和退货发生的费用，由甲方承担。但未及时退货造成的损失由责任方承担。

第43条　合同的生效与终止。本合同自协议条款约定的生效之日起生效。在竣工结算、甲方支付完毕，乙方将工程交付甲方后，除有关保修条款仍然生效外，其他条款即告终止，保修期满后，有关保修条款终止。

第44条　合同份数。合同正本两份，具有同等法律效力，由甲乙双方签字盖章后分别保存。副本份数按协议条款约定，由甲乙双方分送有关部门。

第二部分　协议条款

甲方：　　　　　　　　　　　　乙方：

按照《合同法》和《建筑安装工程承包合同条例》的原则，结合本工程具体情况，双方达成如下协议。

第1条　工程概况

1.1　工程名称、工程地点、承包范围、承包方式

1.2　开工日期、竣工日期、总日历工期天数

1.3　质量等级

1.4　合同价款

第2条　合同文件及解释顺序

第3条　合同文件使用的语言和适用标准及法律

3.1　合同语言

3.2　适用标准、规范

3.3　适用法律、法规

第4条 图纸

4.1 图纸提供日期

4.2 图纸提供套数

4.3 图纸特殊保密要求和费用

第5条 甲方代表

5.1 甲方代表姓名和职称（职务）

5.2 甲方赋予甲方代表的职权

5.3 甲方代表委派人员的名单及责任范围

第6条 监理单位及总监理工程师

6.1 监理单位名称

6.2 总监理工程师姓名、职称

6.3 总监理工程师职责

第7条 乙方驻工地代表

第8条 甲方工作

8.1 提供具备开工条件施工场地的时间和要求

8.2 水、电、电讯等施工管线进入施工场地的时间、地点和供应要求

8.3 需要与有关部门联系和协调工作的内容及完成时间

8.4 需要协调各施工单位之间关系的工作内容和完成时间

8.5 办理证件、批件的名称和完成时间

8.6 会审图纸和设计交底的时间

8.7 向乙方提供的设施内容

第9条 乙方工作

9.1 施工图和配套设计名称、完成时间及要求

9.2 提供计划、报表的名称、时间和份数

9.3 施工场地防护工作的要求

9.4 施工现场交通和噪声控制的要求

9.5 符合施工场地规定的要求

9.6 保护建筑结构及相应管线和设备的措施

9.7 建筑成品保护的措施

第10条 进度计划

10.1 乙方提供施工组织设计（或施工方案）和进度计划的时间

10.2 甲方代表批准进度计划的时间

第11条 延期开工

第12条 暂停施工

第13条 工期延误

第14条 工期提前

第15条 工程样板

15.1 对工程样板间的要求

33.5 甲方违约的责任

第34条 保修

34.1 保修内容、范围

34.2 保修期限

34.3 保修金额和支付方法

34.4 保修金利息

第35条 争议

35.1 争议的解决方式：本合同在履行过程中发生争议，双方应及时协商解决。协商不成时，双方同意由仲裁委员会仲裁（双方不在合同中约定仲裁机构，事后又未达成书面仲裁协议的，可向人民法院起诉）。

第36条 违约

36.1 违约的处理

36.2 违约金的数额

36.3 损失的计算方法

36.4 甲方不按时付款的利息率

第37条 索赔

第38条 安全施工

第39条 专利技术和特殊工艺

第40条 不可抗力

40.1 不可抗力的认定标准

第41条 保险

第42条 工程停建或缓建

第43条 合同生效与终止

43.1 合同生效日期

第44条 合同份数

44.1 合同副本份数

44.2 合同副本的分送责任

44.3 合同制订费用

甲方（盖章）：	乙方（盖章）：
地址：	地址：
法定代表人：	法定代表人：
代理人：	代理人：
电话（传真）：	电话（传真）：
邮政编码：	邮政编码：
开户银行：	开户银行：
账号：	账号：

合同订立时间： 年 月 日

鉴（公）证意见：

经办人：

鉴（公）证机关（盖章）：　　　年　　月　　日

附录2　建筑装饰工程施工合同

（乙种本）

发包方（甲方）：

承包方（乙方）：

按照《中华人民共和国合同法》和《建筑安装工程承包合同条例》的规定，结合本工程具体情况，双方签订以下协议。

一、工程概况

1.1　工程名称：＿＿＿＿＿＿＿＿＿＿＿＿＿＿＿＿＿＿＿＿＿＿＿＿

1.2　工程地点：＿＿＿＿＿＿＿＿＿＿＿＿＿＿＿＿＿＿＿＿＿＿＿＿

1.3　承包范围：＿＿＿＿＿＿＿＿＿＿＿＿＿＿＿＿＿＿＿＿＿＿＿＿

1.4　承包方式：＿＿＿＿＿＿＿＿＿＿＿＿＿＿＿＿＿＿＿＿＿＿＿＿

1.5　工程质量：＿＿＿＿＿＿＿＿＿＿＿＿＿＿＿＿＿＿＿＿＿＿＿＿

1.6　合同大包干价：＿＿＿＿＿＿＿＿＿＿＿＿＿＿＿＿＿＿＿＿＿＿

1.7　工期：本工程自＿＿＿年＿＿＿月＿＿＿日开工，于＿＿＿年＿＿＿月＿＿＿日完工，总共＿＿＿天。

二、甲方工作

2.1　开工前＿＿＿天，向乙方提供经确认的施工图纸或做法说明＿＿＿份，并向乙方进行现场交底。全部或部分腾空房屋，清除影响施工的障碍物。对只能部分腾空的房屋中所滞留的家具、陈设等采取保护措施。向乙方提供施工所需的水、电、气及电讯等设备，并说明使用注意事项。办理施工所涉及的各种申请、批件等手续。

2.2　指派＿＿＿＿＿＿＿＿＿为甲方驻工地代表，负责合同履行，对工程质量、进度进行监督检查，办理验收、变更、登记手续和其他事宜。

2.3　如确实需要拆改原建筑物结构或设备管线，负责到有关部门办理相应审批手续。

三、乙方工作

3.1　参加甲方组织的施工图纸或做法说明书的现场交底，拟定施工方案和进度计划，交给甲方指定的监理公司和甲方审定。

3.2　指派＿＿＿＿为乙方驻工地代表，负责合同履行。按要求组织施工，保质、保量、按期完成施工任务，解决由乙方负责的各项事宜。

3.3　严格执行施工规范、安全操作规程、防火安全规定、环境保护规定。严格按照图纸和做法说明书进行施工，做好各项质量检查记录。参加竣工验收，编制工程结算。

3.4　施工中未经甲方同意或有关部门批准，不得随意拆改原建筑物结构及各种设备管线。

3.5　工程竣工未移交甲方之前，负责对现场的一切设施和工程成品进行保护。

四、关于工期的约定

4.1 因甲方原因未按约定完成工作，影响工期，经双方签证确认后工期顺延。

4.2 因乙方责任，不能按期开工或中途无故停工，影响工期，工期不顺延。

4.3 因设计变更或非乙方原因造成的停电、停水、停气及不可抗力因素影响，导致停工 8 小时以上（一周内累计计算），经双方签证确认后工期相应顺延。

五、关于工程质量及验收的约定

5.1 本工程以施工图纸、做法说明、设计变更和《GB 5002—2001 建筑装饰装修工程质量验收规范》、《GBJ 300—88 建筑安装工程质量检验评定统一标准》等国家制订的施工及验收规范为质量评定验收标准。

5.2 本工程质量应达到国家质量评定优良标准。

5.3 甲、乙双方应及时办理隐蔽工程和中间工程的检查与验收手续，甲方不按时参加隐蔽工程和中间工程验收，乙方可自行验收，甲方应予承认。若甲方要求复验时，乙方应按要求办理复验。若复验合格，甲方应承担复验费用，由此造成停工，经双方签证确认后工期顺延；若复验不合格，其复验及返工费用由乙方承担，工期不顺延。

5.4 由于甲方提供的材料、设备质量不合格而影响工程质量，其返工费用由甲方承担，经双方签证确认后工期顺延。

5.5 由于乙方原因造成质量事故，其返工费用由乙方承担，工期不顺延。

5.6 工程竣工后，乙方应通知甲方验收，甲方自接到验收通知_____日内组织验收，并办理验收、移交手续。如甲方在规定时间内未能组织验收，需及时通知乙方，另定验收日期。但甲方应承认竣工日期，并承担乙方的看管费用和相关费用。

5.7 保质期为_____，从工程竣工验收合格之日起计算。

六、工程价款与支付

6.1 本合同价款采用_____方式确定。

6.2 工程款的支付方式为：_____

_____

七、违约责任

7.1 甲方逾期付款，每逾期一天，按应付未付款项的_____支付滞纳金。

7.2 乙方逾期竣工，每逾期一天，乙方支付甲方工程总价款的_____作为违约金。

八、争议解决方式

本合同发生纠纷，经协商或调解未能达成协议时，任何一方可向工程所在地人民法院提起诉讼。

九、附则

9.1 本合同一式_____份，双方各执_____份，自双方签字盖章之日起生效。

9.2 附件：

甲方：（盖章）　　　　　　　　　　乙方：（盖章）

签约代表：　　　　　　　　　　　　签约代表：

　　签约日期：　　　　　　　　　　　　签约日期：

参 考 文 献

［1］广东省装饰装修工程综合定额（2003）［M］．广州：广东科技出版社，2003．

［2］广东省装饰装修工程计划办法（2003）［M］．广州：广东科技出版社，2003．

［3］GB 50500—2003 建设工程工程量清单计价规范［S］．北京：中国计划出版社，2003．

［4］尹贻林．工程造价计价与控制［M］．北京：中国计划出版社，2003．

［5］卜龙章．装饰工程定额和预算［M］．南京：东南大学出版社，2001．